普通高等教育一流本科专业建设成果教材

化学工业出版社“十四五”普通高等教育规划教材

Matlab计算及其在土木工程专业的应用

魏海霞 赵 宇 祝 杰 编著

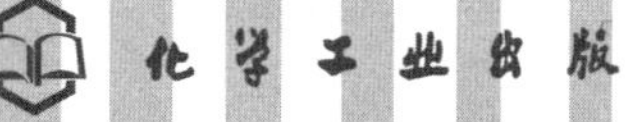

化学工业出版社

·北 京·

内容简介

《Matlab 计算及其在土木工程专业的应用》主要介绍了有关 Matlab 软件的入门知识、程序设计基础、图形绘制、符号运算、线性代数运算、数据分析、智能算法以及 Matlab 在建筑工程、道路与桥梁工程和岩土与地下工程等土木工程专业方向中的应用。教材采用实例化演示，注重学以致用，助力初学者快速入门和掌握 Matlab 软件的操作和应用技巧；同时附有源代码，便于读者动手实践和二次开发。

本书可以作为高等院校土木工程专业本科生、研究生的教材，也可作为理工科相关专业及广大科研人员、工程技术人员的参考用书。

图书在版编目（CIP）数据

Matlab 计算及其在土木工程专业的应用 / 魏海霞，赵宇，祝杰编著. —北京：化学工业出版社，2023.3

化学工业出版社“十四五”普通高等教育规划教材

ISBN 978-7-122-42676-5

Ⅰ. ①M… Ⅱ. ①魏… ②赵… ③祝… Ⅲ. ①Matlab 软件-应用-土木工程-研究 Ⅳ. ①TU7

中国版本图书馆 CIP 数据核字（2022）第 245127 号

责任编辑：满悦芝　尤彩霞　　文字编辑：徐照阳　王　硕

责任校对：宋　玮　　装帧设计：张　辉

出版发行：化学工业出版社（北京市东城区青年湖南街 13 号　邮政编码 100011）

印　　刷：北京云浩印刷有限责任公司

装　　订：三河市振勇印装有限公司

787mm×1092mm　1/16　印张 13¾　字数 334 千字　　2023 年 3 月北京第 1 版第 1 次印刷

购书咨询：010-64518888　　售后服务：010-64518899

网　　址：http://www.cip.com.cn

凡购买本书，如有缺损质量问题，本社销售中心负责调换。

定　　价：49.90 元

>>> 前 言

随着云计算、大数据、人工智能等新一代信息技术的不断突破和广泛应用，数字经济已成为第四次工业革命最重要的特征之一，是引领全球经济增长的重要引擎，被称为打开第四次工业革命之门的钥匙。计算力作为数字经济时代的核心生产力，是支持数字经济发展的坚实基础，对推动科技进步、促进行业数字化以及支撑经济社会发展发挥着重要的作用。新工科建设是我国高等工程教育领域主动应对数字经济科技革命与产业变革的战略行动，要求树立全新的工程教育理念，着重强化多样化、创新型卓越工程科技人才的培养方式，尤其强化计算思维与计算技术运用能力的综合培养。

“中国航天之父”钱学森说：“每一个技术科学的工作者首先必须掌握数学分析和计算的方法。”Matlab 是一款国际上非常流行的工程计算及数值分析软件，其界面友好、语言简洁、库函数丰富、编程效率高，具有科学计算、数据可视化、建模仿真、数据分析、算法开发等强大功能，是工程领域技术人才的首选软件、科创竞赛的主流平台和科研攻关的助力工具。

本书立足于数字经济时代的新工科建设大背景，本着“全面、简练、实用”的编写原则，聚焦计算思维能力与实践应用能力的综合培养目标，旨在强化创新能力和工程应用能力及解决复杂工程问题能力，全面推进数字化复合型人才建设。

全书共包含 10 章，具体内容如下。

第 1 章，Matlab 入门知识。本章主要介绍了 Matlab 工作界面，变量定义和赋值，常用的数学函数，常用的标点符号和操作命令，算术运算符、关系运算符与逻辑运算符，及数组、矩阵、字符串、元胞数组和结构数组等基本对象。

第 2 章，Matlab 程序设计基础。本章主要介绍了命令文件和函数文件，主函数、子函数、嵌套函数、匿名函数和内联函数，顺序结构、循环结构、条件结构、开关结构和试探结构，常用交互式命令，及二进制文件、txt 文件和 excel 文件的导入与导出。

第 3 章，Matlab 图形绘制。本章主要介绍了二维基本图形绘制，二维统计图、二维矢量图和特殊坐标系下的二维图形等二维特殊图形绘制，Matlab 常用绘图命令，三维曲线图和三维曲面图，及三维统计图、三维箭头图、柱坐标图、等高线图和立体切片图等三维特殊图形绘制。

第 4 章，Matlab 符号运算。本章主要介绍了符号变量、符号表达式、符号矩阵和符号方程等符号对象，极限运算，一般函数、参数方程和隐函数的导数运算，不定积分和定积分运算，泰勒级数、傅里叶级数和级数求和运算，及傅里叶变换、傅里叶逆变换、拉普拉斯变换和拉普拉斯逆变换等积分变换。

第 5 章，Matlab 线性代数运算。本章主要介绍了多项式的表达和多项式的运算，矩阵的基本运算，求逆法和初等变换法求解线性方程组，及线性规划问题和二次规划问题求解。

第 6 章，Matlab 数据分析。本章主要介绍了多项式拟合、线性回归和非线性回归，一维数据插值、二维数据插值和三维数据插值，数据的平滑处理、数据的标准化变换和数据的归一化变换，及数据预测效果评价。

第 7 章，Matlab 智能算法。本章主要介绍了 BP 神经网络算法及示例，遗传算法及示例，粒子群算法及示例，模糊控制算法及示例，小波分析算法及示例，及极限学习机算法及示例。

第 8 章，Matlab 在建筑工程中的应用。本章主要介绍了 Matlab 在建筑工程中的 10 个典型应用案例，每个案例包含理论解析、Matlab 程序和程序运行结果。

第 9 章，Matlab 在道路与桥梁工程中的应用。本章主要介绍了 Matlab 在道路与桥梁工程中的 10 个典型应用案例，每个案例包含理论解析、Matlab 程序和程序运行结果。

第 10 章，Matlab 在岩土与地下工程中的应用。本章主要介绍了 Matlab 在岩土与地下工程中的 10 个典型应用案例，每个案例包含理论解析、Matlab 程序和程序运行结果。

限于篇幅，本书将多条简短的 Matlab 命令放置在同一行，建议读者在程序设计时尽量每行编写一条命令。

本书是河南理工大学土木工程国家级一流专业建设成果教材，内容全面系统，知识点简洁精练，实用性强；实例化演示，注重学以致用，助力初学者快速入门和掌握；学习主线精心编排，深入浅出，通俗易懂；实例丰富精辟，附源代码，便于动手实践和二次开发。

本书可以作为高等院校土木工程专业本科生、研究生的教材，也可以作为理工科相关专业及广大科研人员、学者、工程技术人员的学习参考用书。

本书由河南理工大学魏海霞、赵宇和祝杰共同编著。其中，第 1 章、第 4 章和第 6 章由赵宇编写，第 2 章、第 3 章和第 5 章由祝杰编写，第 7 章～第 10 章由魏海霞编写。在编写过程中，参考了大量相关著作、文献和素材，并基于原素材进行了整理和程序编写，在此谨向所有的作者表示感谢。

由于编者水平有限，再加上时间仓促，书中难免存在疏漏之处，敬请读者批评指正。另外，本书的程序编写侧重可读性，部分程序尚存在优化空间，读者不妨尝试。

编著者

2023 年 1 月

目 录

第一篇 Matlab 计算基础知识

第二篇 Matlab 在土木工程专业中的应用

第一篇

Matlab 计算基础知识

第 1 章 Matlab入门知识

Matlab 是一种用于算法开发、数据可视化、数据分析以及数值计算的高级技术计算语言和交互式环境。Matlab 界面友好，编程效率高，功能十分强大，应用极为广泛，已经成为各领域解决各类实际问题的有力工具。本章内容包括 Matlab 概述、变量与函数、标点符号和操作命令、运算符及 Matlab 的基本对象。

1.1 Matlab 概述

1.1.1 关于 Matlab

Matlab 是矩阵实验室（matrix laboratory）的简称，是美国 MathWorks 公司出品的商业数学软件，是一种主要面对科学计算、可视化以及交互式程序设计的高科技计算环境。Matlab 将数值分析、矩阵计算、科学数据可视化以及非线性动态系统的建模和仿真等诸多强大功能集成在一个易于使用的视窗环境中，为科学研究、工程设计以及必须进行有效数值计算的众多科学领域提供了一种全面的解决方案。Matlab 语言被称为“草稿纸式语言”，使用 Matlab 编程犹如在草稿纸上排列公式和求解问题，易懂易学。Matlab 把工程技术人员从繁琐的程序代码中解放出来，能够快速地验证所提出的模型和算法，在很大程度上摆脱了传统非交互式程序设计语言（如 C、Fortran）的编辑模式，代表了当今国际科学计算软件的先进水平。

Matlab 是一种广泛应用于工程计算及数值分析领域的新型高级语言，自 1984 年由美国 MathWorks 公司推向市场以来，历经 30 多年的发展与不断完善，现在的 Matlab 已经不仅仅是最初的“矩阵实验室”了，它已成为国际上广泛流行的科学与工程计算的软件工具之一。Matlab 功能强大、简单易学、编程效率高，深受用户欢迎。在欧美各高等院校，Matlab 作为线性代数、数理统计、自动控制理论、数学信号处理、模拟与数字通信、时间序列分析、动态系统仿真、图像处理等课程的基本教学工具，已成为攻读学位的大学生、硕士生和博士生必须掌握的基本技能。在国内，Matlab 也已逐渐深入至高校、科研院所及工程领域，被广泛用于解决各种科研和工程问题。

1.1.2　Matlab 工作界面简介

在此以 Matlab R2016b 版本为例，简要介绍 Matlab 的工作界面。Matlab 的工作界面主要由菜单工具栏、命令行窗口、工作区窗口和当前文件夹窗口组成，如图 1-1 所示。

（1）菜单工具栏

菜单工具栏包含 3 个主菜单，分别是主页、绘图和 APP。其中，绘图主菜单提供数据的绘图功能。APP 主菜单提供了 Matlab 涵盖的各工具箱的应用程序入口。主页主菜单提供如下主要功能。

新建脚本：用于建立新的 M 文件。

新建：用于建立新的 M 文件、图形、模型和图形用户界面。

打开：用于打开 Matlab 的 M 文件、fig 文件、mat 文件、mdl 文件、cdr 文件等。

导入数据：用于从其他文件中导入数据，单击后弹出对话框，选择导入文件的路径和位置。

保存工作区：用于把工作区的数据存放到相应的路径文件之中。

设置路径：用于设置路径。

帮助：打开帮助文件或其他帮助方式。

预设：用于设置命令行窗口的属性，也可设置界面的字体、颜色、工具栏项目等内容。

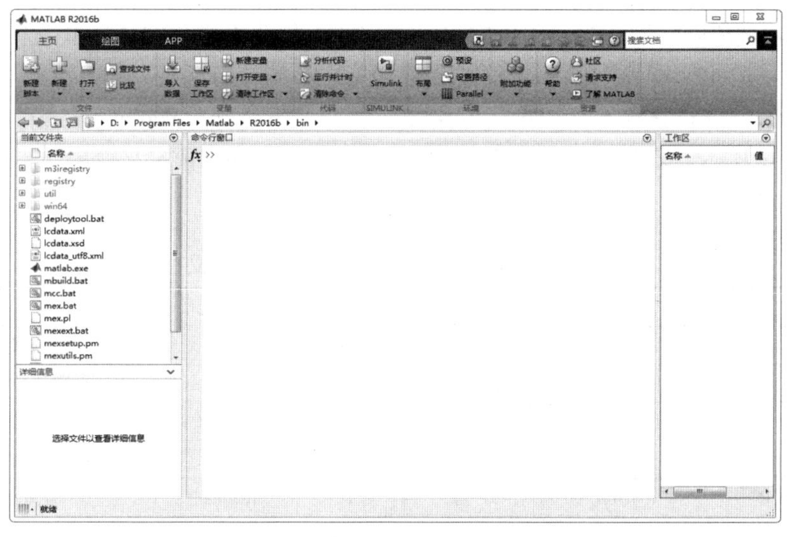

图 1-1　Matlab R2016b 的工作界面

（2）命令行窗口

命令行窗口是运行各种 Matlab 命令的主要窗口，缺省情况下该窗口位于 Matlab 界面的右侧。该窗口内可以键入各种 Matlab 命令、函数或表达式，并显示除图形外的运算结果；运行错误时，窗口会给出相关的出错提示。“>>”为命令行提示符，提示其后语句为输入命令。在命令行窗口运行过的命令可以用键盘的“↑”“↓”再次调出运行。

（3）工作区窗口

工作区窗口是 Matlab 用于存储各种变量和结果的内存空间，缺省情况下该窗口位于

Matlab 界面的左下方。该窗口显示工作区所有变量的名称、取值和变量类型说明，可对变量进行查阅、编辑、保存或删除。选中变量双击左键，可以在矩阵编辑器中打开变量。

（4）当前文件夹窗口

当前文件夹窗口主要显示 Matlab 工作的当前路径、当前路径下所有文件和文件夹的名称以及所选文件夹或文件的详细信息，缺省情况下该窗口位于 Matlab 界面的左上方。用户可以通过点击当前路径显示栏左侧的图标来更改当前路径，用户操作的所有数据和文件都会默认保存在当前路径下。

1.2 变量与函数

1.2.1 变量定义

变量是任何程序设计语言的基本元素之一，Matlab 变量定义时不要求对所有使用的变量进行事先声明，也不需要指定变量类型，Matlab 会自动根据所赋予变量的值或对变量所进行的操作来确定变量的类型。Matlab 语言对变量命名有一定的规则要求，具体如下：

a．变量名区分大小写。比如，*ab* 与 *Ab* 表示两个不同的变量。

b．变量名最多包含 63 个字符，其后的字符将被忽略。

c．变量名必须以字母开头，并由字母、数字或下划线组成。例如，*A*、*a*1、*a*_12 都是合法的变量名，1*a*、12_*b*、*a*+*b* 是不合法的变量名。

d．Matlab 语言存在预定义变量，变量命名时应尽量避开。Matlab 系统存在的常见预定义变量如表 1-1 所示。若已改变预定义变量值，可通过“clear+预定义变量名”命令恢复初始设定值。

表 1-1 Matlab 语言的预定义变量及含义

序号	预定义变量	含义	序号	预定义变量	含义
1	ans	结果的默认变量名	6	i 或 j	虚数单位
2	pi	圆周率	7	nargin	函数的输入参数个数
3	eps	浮点精度限（2.2204×10^{-16}）	8	nargout	函数的输出参数个数
4	inf	表示无穷大，如 1/0	9	realmin	最小正实数值
5	NaN	非数，如 0/0、∞/∞等	10	realmax	最大正实数值

e．作为一种编程语言，Matlab 保留了一些关键字：break、case、catch、classdef、continue、else、elseif、end、for、function、global、if、otherwise、parfor、persisitent、return、spmd、switch、try、while，这些关键字在程序编辑窗口中会以蓝色字体显示，不能作为 Matlab 变量名，否则会出现错误。

1.2.2 变量赋值

Matlab 采用的是表达式语言，用户输入的语句由 Matlab 系统解释运行。Matlab 语句由变量与表达式组成，变量的赋值有如下三种最常见的命令形式。

（1）命令形式 1：变量=表达式

功能：将表达式的值计算后赋给左边变量，其中表达式由运算符、函数、变量名和数字组成，是常用的赋值形式。

【例 1-1】命令形式 1 的示例。

✪Matlab 程序

```
a=200*cos(pi/6)-100
```

✪程序运行结果

```
a=
    73.2051
```

（2）命令形式 2：变量=input('str')

功能：通过键盘输入给左边的变量赋值，'str'为字符串形式的提示符。

【例 1-2】命令形式 2 的示例。

✪Matlab 程序

```
b=input('请输入混凝土的抗压强度：')
```

按 Enter 键，出现：

请输入混凝土的抗压强度:

键盘输入：30

按 Enter 键，显示如下的运行结果。

✪程序运行结果

```
b=
   30
```

（3）命令形式 3：（直接键入）表达式

功能：将表达式的值计算后赋给默认变量 ans。

【例 1-3】命令形式 3 的示例。

✪Matlab 程序

```
4/3*pi*5^3
```

✪程序运行结果

ans =

```
   523.5988
```

1.2.3 常用数学函数

Matlab 的主要数值计算功能是通过函数来实现的。Matlab 拥有丰富的内部函数，内部函数名一般使用数学中的英文单词，用户只要输入相应的函数名，便可以调用这些函数。用户不仅可以调用内部函数，同时还可以定义自己的 M 函数（文件），自定义的函数与内部函数的使用方法完全一样。

Matlab 内部常用的数学函数如表 1-2 所示。

表 1-2 常用数学函数

函数名称	功能	函数名称	功能
sin(x)	正弦函数	asin(x)	反正弦函数
cos(x)	余弦函数	acos(x)	反余弦函数
tan(x)	正切函数	atan(x)	反正切函数
cot(x)	余切函数	acot(x)	反余切函数
sec(x)	正割函数	asec(x)	反正割函数
sinh(x)	双曲函数	asinh(x)	反双曲函数
abs(x)	绝对值	max(x)	最大值
min(x)	最小值	sum(x)	元素的和
Prod(x)	元素的积	cumsun(x)	元素的累积和
cumprod(x)	元素的累积积	sort(x)	按升序排序
mean(x)	平均值	median(x)	中值
sqrt(x)	开平方	exp(x)	自然指数
log(x)	自然对数	log10(x)	以 10 为底的对数
sign(x)	符号函数	fix(x)	取整
size(x)	矩阵维数	length(x)	向量长度
real(x)	复数的实部	imag(x)	复数的虚部

【例 1-4】求 a=2sin15°+3cos65°的值。

✪Matlab 程序

```
a=2*sin(15*pi/180)+3*cos(65*pi/180)
```

✪程序运行结果

```
a =
   1.7855
```

【例 1-5】求 $b=\left|e^{-1.2}-\tan\frac{\pi}{5}\right|-2\log 3_2$ 的值。

✪Matlab 程序

```
b=abs(exp(-1.2)-tan(pi/5))-2*log(3)/log(2)
```

✪程序运行结果

```
b =
   -2.7446
```

【例 1-6】已知 C30 混凝土的坍落度（单位：mm）实测值分别为：120、125、130、135、125、130、140、145、140，求该组混凝土坍落度的最大值、最小值、平均值和中值。

✪Matlab 程序

```
c=[120,125,130,135,125,130,140,145,140];
c_max=max(c),c_min=min(c),c_mean=mean(c),c_median=median(c)
```

✪程序运行结果

```
c_max =
```

```
   145
c_min =
   120
c_mean =
   132.2222
c_median =
   130
```

1.3　标点符号和操作命令

1.3.1　标点符号

Matlab 的常用标点符号及功能如表 1-3 所示。

表 1-3　Matlab 的常用标点符号及功能

名称	符号	功能
空格		用于输入变量之间或数组行元素之间的分隔符
逗号	,	用于要显示运算结果的命令之间的分隔符；用于输入变量之间的分隔符；用于数组行元素之间的分隔符
点号	.	用于数值中的小数点
分号	;	用于不显示运算结果的命令行结尾；用于不显示运算结果的命令之间的分隔符；用于数组行之间的分隔符
冒号	:	用于生成一维数组，表示一维数组的全部元素或多维数组的某一维的全部元素
赋值号	=	用于将表达式或数值赋值给一个变量
百分比	%	用于注释的前面，在它后面的命令不需要执行
单引号	' '	用于括住字符串
圆括号	( )	用于引用数组元素；用于函数输入总量列表；用于确定代数运算的先后顺序
方括号	[ ]	用于构成向量和矩阵；用于函数输出总量列表
花括号	{ }	用于构成元胞数组
下划线	_	用于一个变量、函数或文件名中的连字符
续行号	…	用于把后面的行与该行连接成一条较长的命令
"At" 号	@	用于放在函数名前形成函数句柄

【例 1-7】在命令行窗口中依次输入并运行以下命令，练习 Matlab 的相关标点符号。

✪Matlab 程序

```
a1=2,b1=a1^2
```

✪程序运行结果

```
a1=
    2
```

```
b1=
    4
```

✪Matlab 程序

```
a2=3;b2=a2^3
```

✪程序运行结果

```
b2=
    27
```

✪Matlab 程序

```
a3=4;b3=a3^4
```

✪程序运行结果

```
b3 =
    256
```

✪Matlab 程序

```
V=(a1+2*a2+3*a3)^2+(b1+2*b2+3*...
b3)^2
```

✪程序运行结果

```
V =
     682676
```

1.3.2 操作命令

Matlab 的一些常用操作命令及功能如表 1-4 所示。

表 1-4 Matlab 的常用操作命令及功能

命令	功能	命令	功能
who	以简单形式列出工作区当前变量	clc	清除命令行窗口中的内容
whos	列出工作区当前变量的名称、大小、类型等信息	help topic	获得详细的专题帮助
clear	清除工作区内存变量	lookfor	按关键词进行模糊查询

【例 1-8】在命令行窗口中依次输入并运行以下命令，练习 Matlab 的相关常用命令。

✪Matlab 程序

```
a=pi/8,b=3*sin(a)^2
```

✪程序运行结果

```
a =
   0.3927
b =
   0.4393
```

✪Matlab 程序

```
who
```

✪程序运行结果

您的变量为:

```
a  b
```

✪Matlab 程序

```
whos
```

✪程序运行结果

```
Name        Size           Bytes  Class     Attributes
  a          1x1              8    double
  b          1x1              8    double
```

✪Matlab 程序

```
clc
```

✪程序运行结果

命令行窗口中的内容被清除

✪Matlab 程序

```
clear
```

✪程序运行结果

工作区内存变量被清除

✪Matlab 程序

```
help sin
```

✪程序运行结果

```
sin   Sine of argument in radians.
   sin(X) is the sine of the elements of X.
   See also asin, sind.
   sin 的参考页
   名为 sin 的其他函数
```

✪Matlab 程序

```
lookfor factorial
```

✪程序运行结果

```
cset_fullfact            - Full Factorial Design generator object.
factorial                - Factorial function.
ff2n                     - Two-level full-factorial design.
fracfact                 - Fractional factorial design for two-level factors.
fracfactgen              - Fractional factorial design generators.
```

```
fullfact              - Mixed-level full-factorial designs.
```

1.4　运算符

运算符分为算术运算符、关系运算符与逻辑运算符 3 类，下面分别进行介绍。

1.4.1　算术运算符

算术运算符是构成运算的最基本操作命令，可以在 Matlab 命令行窗口中直接运行。Matlab 的算术运算符如表 1-5 所示。

表 1-5　Matlab 算术运算符

运算符	功能
+	加法运算。两个数相加或两个同阶矩阵相加。如果是一个矩阵和一个数字相加，这个数字自动扩展为与矩阵同维的一个矩阵
–	减法运算。两个数相减或两个同阶矩阵相减
*	乘法运算。两个数或两个可乘矩阵相乘
/	除法运算。两个数或两个可除矩阵相除（**A/B** 表示 **A** 乘以 **B** 的逆）
^	乘方运算。一个数或一个方阵的乘方
\	左除运算。两个可除矩阵相除（**a\b** 表示 **b**÷**a**）
.*	点乘运算。两个同阶矩阵对应元素相乘
./	点除运算。两个同阶矩阵对应元素相除
.^	点乘方运算。一个矩阵中各个元素的乘方
.\	点左除运算。两个同阶矩阵对应元素左除

【例 1-9】矩阵 ***A***=0.5，***B***=[0,1;2,3]，***C***=[1,2;3,4]，分别求 ***A***+***B***，***B***+***C***，***B****C*，***B***.^3 的运行结果。

✪Matlab 程序

```
A=0.5;B=[0,1;2,3];C=[1,2;3,4];
Val_1=A+B,Val_2=B+C,Val_3=B*C,Val_4=B.^3
```

✪程序运行结果

```
Val_1 =
    0.5000    1.5000
    2.5000    3.5000
Val_2 =
     1     3
     5     7
Val_3 =
     3     4
    11    16
```

```
Val_4 =
     0     1
     8    27
```

【例 1-10】某新建商住楼项目，建设期为 3 年，共向银行贷款 1300 万元，贷款时间为：第一年初 300 万元，第二年初 600 万元，第三年初 400 万元，年利率为 6%。试计算建设期贷款利息。

✪Matlab 程序

```
F=300*(1+0.06)^3+600*(1+0.06)^2+400*(1+0.06);I=F-1300
```

✪程序运行结果

```
I =
  155.4648
```

1.4.2 关系运算符

关系运算符主要用于比较数、字符串、矩阵之间的大小或不等关系，其返回值是 0 或 1。Matlab 的关系运算符如表 1-6 所示。

表 1-6 Matlab 关系运算符

运算符	功能	运算符	功能
>	判断大于关系	<=	判断小于等于关系
>=	判断大于等于关系	==	判断等于关系
<	判断小于关系	~=	判断不等于关系

如果 ***A*** 和 ***B*** 都是矩阵，则 ***A*** 和 ***B*** 必须具有相同的维数，运算时将 ***A*** 中的元素和 ***B*** 中对应元素进行比较，如果关系成立，则在输出矩阵的对应位置输出 1，反之输出 0。如果其中一个为数，则将这个数与另一个矩阵中的所有元素进行比较。无论何种情况，返回结果都是与运算的矩阵具有相同维数的由 0 和 1 组成的矩阵。

【例 1-11】矩阵 ***A***=[0,1,2,3]，***B***=[1,0,3,4]，***C***=1，分别求 ***A***>***B***，***B***<=***C***，***A***==***B***，***B***~=***C*** 的运行结果。

✪Matlab 程序

```
A=[0,1,2,3];B=[1,0,3,4];C=1;
v1=A>B,v2=B<=C,v3=A==B,v4=B~=C
```

✪程序运行结果

```
v1 =
  1×4 logical 数组
   0   1   0   0
v2 =
  1×4 logical 数组
   1   1   0   0
v3 =
```

```
  1×4 logical 数组
   0   0   0   0
v4 =
  1×4 logical 数组
   0   1   1   1
```

1.4.3 逻辑运算符

（1）逻辑运算符

逻辑运算符主要用于逻辑表达式和逻辑运算，参与运算的逻辑量以 0 代表“假”，以任意非 0 数代表“真”。逻辑表达式和逻辑函数的值以 0 表示“假”，以 1 表示“真”。Matlab 的逻辑运算符如表 1-7 所示。

表 1-7 Matlab 逻辑运算符

运算符	功能	运算符	功能
&	与运算	~	非运算
|	或运算	**xor**	异或运算

对两个标量 a 和 b 进行逻辑运算时，运算规则如表 1-8 所示。

表 1-8 Matlab 逻辑运算规则

输入		与运算	或运算	非运算	异或运算
a	*b*	*a*&*b*	*a*|*b*	~*a*	xor(*a*,*b*)
0	0	0	0	1	0
0	1	0	1	1	1
1	0	0	1	0	1
1	1	1	1	0	0

在算术、关系、逻辑三种运算符中，算术运算符优先级最高，关系运算符次之，而逻辑运算符的优先级最低。在与运算、或运算和非运算三者中，与运算和或运算有相同的优先级，从左到右依次执行，且都低于非运算的优先级。实际应用中可以通过括号来调整运算过程中的次序。

【例 1-12】逻辑矩阵 ***A***=[1,1;0,1]，***B***=[0,1;0,0]，逻辑标量 ***b***=0，求 ***C***1=***A***&*b*，***C***2=***A***|*b*，***C***3=xor(***A***,***B***)。

✪Matlab 程序

```
A=[1,1;0,1];B=[0,1;0,0]; b=0;
C1=A&b,C2=A|b,C3=xor(A,B)
```

✪程序运行结果

```
C1 =
  2×2 logical 数组
   0   0
   0   0
```

```
C2 =
  2×2 logical 数组
   1   1
   0   1
C3 =
  2×2 logical 数组
   1   0
   0   1
```

【例 1-13】设 ***A***=[0,4,3,0]，***B***=[1,2,1,0]，求 ***C***=(***A***−2****B***&~***B***>=1)。

✪Matlab 程序

```
A=[0,4,3,0]; B=[1,2,1,0]; C=(A-2*B&~B>=1)
```

✪程序运行结果

```
C =
  1×4 logical 数组
   0   0   0   0
```

（2）逻辑运算函数

逻辑运算函数又称为 is 类函数，当函数的判断条件成立时，该类函数将返回数值 1；当函数判断条件不成立时，该类函数将返回数值 0。这些函数可以用在关系表达式或逻辑表达式中，同时也可以作为程序结构的判断条件。

Matlab 常见的逻辑函数如表 1-9 所示。

表 1-9 常见的逻辑函数

函数名称	功能	函数名称	功能
iscell	判断项是否是元胞数组	isnumeric	判断项是否是数值数组
ischar	判断项是否是字符串	isspace	判断项是否是空格
isempty	判断项是否为空	isequal	判断项是否相等
isinf	判断项是否是无穷大	iskeyword	判断项是否是 Matlab 关键字

【例 1-14】在 Matlab 命令行窗口输入以下命令，运行程序输出结果，观察逻辑函数的使用方法。

✪Matlab 程序

```
a=[1,2,3];b=[1,2,3];isnumeric(a)
```

✪程序运行结果

```
ans =
  logical
   1
```

✪Matlab 程序

```
ischar(a)
```

✪程序运行结果

```
ans =
  logical
   0
```

✪Matlab 程序

```
isinf(a)
```

✪程序运行结果

```
ans =
  1×3 logical 数组
   0   0   0
```

✪Matlab 程序

```
isequal(a,b)
```

✪程序运行结果

```
ans =
  logical
   1
```

✪Matlab 程序

```
iskeyword('end')
```

✪程序运行结果

```
ans =
  logical
   1
```

1.5　Matlab 的基本对象

Matlab 常见的基本处理对象是数组、矩阵、字符串、元胞数组和结构数组。

1.5.1　数组

在 Matlab 中，数组就是一行或者一列的向量（矩阵），数组的创建方式主要有三种：直接输入法、增量法和特殊函数生成法。

（1）直接输入法

数组用方括号括起来，对行向量形式的数组，元素之间用空格或逗号隔开；对列向量形式的数组，元素之间用分号或按 Enter 键隔开。

【例 1-15】输入数组 $\boldsymbol{a}=[1\quad 4\quad 5\quad 2\quad 3\quad 0]$。

✪Matlab 程序

```
a=[1,4,5,2,3,0]
```

或

```
a=[1 4 5 2 3 0]
```

✪程序运行结果

a =

```
     1     4     5     2     3     0
```

【例 1-16】输入数组 $\boldsymbol{b}=\begin{bmatrix}-9\\25\\61\\300\end{bmatrix}$。

✪Matlab 程序

```
b=[-9;25;61;300]
```

或

```
b=[-9
   25
   61
   300]
```

✪程序运行结果

b =

```
    -9
    25
    61
   300
```

（2）增量法

命令形式：a:t:b

功能：产生步长为 t 的等差数列构成的数组：$[a,a+t,a+2*t,\cdots,b]$；当步长 t=1 时，步长可以省略，即可以写为 a:b，表示的数组是：$[a,a+1,a+2,\cdots,b]$；当数据不能到 b，则到小于 b 的最大数结束。

【例 1-17】生成（输入）数组 $\boldsymbol{a}=[2\quad 4\quad 6\quad 8\quad 10\quad 12\quad 14]$。

✪Matlab 程序

```
a=2:2:14
```

✪程序运行结果

```
a =
     2     4     6     8    10    12    14
```

【例 1-18】生成（输入）数组 $\boldsymbol{b}=[0\ \ 1\ \ 2\ \ 3\ \ 4\ \ 5\ \ 6\ \ 7\ \ 8\ \ 9]$。

✪Matlab 程序

```
b=0:9
```

✪程序运行结果

```
b =
     0     1     2     3     4     5     6     7     8     9
```

（3）特殊函数生成法

此处介绍两种生成数组的特殊函数命令形式，尤其是命令形式 1 较为常用。

命令形式 1：linspace(a,b,n)

功能：在区间$[a,b]$创建一个包含 n 个数据的等差数列，公差为$\dfrac{b-a}{n-1}$。

命令形式 2：logspace(a,b,n)

功能：在区间$[10^a,10^b]$创建一个包含 n 个数据的等比数列，公比为$10^{\frac{b-a}{n-1}}$。

【例 1-19】在区间[2,5]创建一个包含 6 个数据的等差数列。

✪Matlab 程序

```
linspace(2,5,6)
```

✪程序运行结果

```
ans =
    2.0000    2.6000    3.2000    3.8000    4.4000    5.0000
```

【例 1-20】在区间[1,100]创建一个包含 10 个数据的等比数列。

✪Matlab 程序

```
logspace(0,2,10)
```

✪程序运行结果

```
ans =
    1.0000    1.6681    2.7826    4.6416    7.7426   12.9155   21.5443   35.9381
59.9484   100.0000
```

1.5.2 矩阵

（1）矩阵的输入

矩阵是 Matlab 的基本处理对象，也是 Matlab 的重要特征。在 Matlab 中，二维数组称为矩阵，矩阵的输入主要有三种方式：直接输入法、矩阵编辑器输入法和矩阵函数生成法。

① 直接输入法

直接输入法也是矩阵输入的最常用方法，矩阵用方括号括起来，元素之间用空格或逗号隔开，矩阵行与行之间用分号或按 Enter 键隔开。

【例 1-21】矩阵的直接输入法的示例。

✪Matlab 程序

```
A=[1,2,3;4,5,6;7,8,9]
B=[1 2 3 4;5 6 7 8]
C=[1 1 1 1 1
2 2 2 2 2
3 3 3 3 3
4 4 4 4 4
5 5 5 5 5]
```

✪程序运行结果

```
A =
     1     2     3
     4     5     6
     7     8     9
B =
     1     2     3     4
     5     6     7     8
C =
     1     1     1     1     1
     2     2     2     2     2
     3     3     3     3     3
     4     4     4     4     4
     5     5     5     5     5
```

矩阵的元素可以为数字，也可以为表达式。如果进行的是数值计算，表达式中不可包含未知的变量。

② 矩阵编辑器输入法

当输入的矩阵较大，不适合用手工直接输入时，可用矩阵编辑器进行输入与修改。矩阵编辑器输入矩阵的步骤如下：

第一步：在命令行窗口创建一个变量。

第二步：左键双击工作区窗口的该变量，打开矩阵编辑器。

第三步：根据用户的要求，在矩阵编辑器中修改和输入矩阵的所有元素。

第四步：关闭矩阵编辑器，此时储存新矩阵的变量已经定义并保存完毕。

【例 1-22】用矩阵编辑器输入法创建一个矩阵 $\boldsymbol{A}=\begin{bmatrix}12 & 23 & 4 & 14 & 67\\ 24 & 45 & 35 & 22 & 89\\ 68 & 90 & 78 & 24 & 33\\ 43 & 56 & 91 & 55 & 39\end{bmatrix}$。

第一步：在命令行窗口中输入：$\boldsymbol{A}$=1，按 Enter 键执行。

第二步：左键双击工作区窗口的变量 $\boldsymbol{A}$，打开矩阵编辑器。

第三步：在矩阵编辑器中输入矩阵 $\boldsymbol{A}$ 的所有元素，如图 1-2 所示。

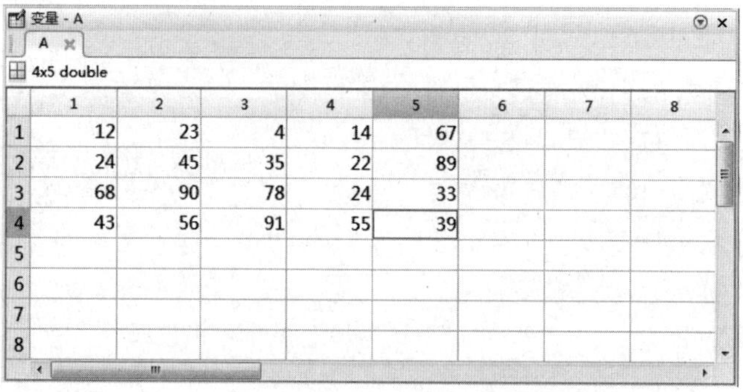

图 1-2 矩阵编辑器中输入新矩阵

第四步：关闭矩阵编辑器。

③ 矩阵函数生成法

Matlab 提供了如表 1-10 所示的矩阵函数，来创建一些特殊的矩阵。

表 1-10 特殊矩阵生成函数

函数名称	功能	函数名称	功能
zeros(*m*,*n*)	生成 *m* 行 *n* 列的零矩阵	zeros(*n*)	生成元素均为 0 的 *n* 阶方阵
ones(*m*,*n*)	生成 *m* 行 *n* 列元素均为 1 的矩阵	ones(*n*)	生成元素均为 1 的 *n* 阶方阵
eye(*m*,*n*)	生成 *m* 行 *n* 列主对角线元素均为 1 的矩阵	eye(*n*)	生成 *n* 阶单位矩阵
rand(*m*,*n*)	生成 *m* 行 *n* 列的随机矩阵	rand(*n*)	生成 *n* 阶随机矩阵
randn(*m*,*n*)	生成 *m* 行 *n* 列的正态随机矩阵	randn(*n*)	生成 *n* 阶正态随机矩阵
diag(*X*)	生成以 *X* 为主对角线元素的对角矩阵	magic(*n*)	生成 *n* 阶魔方矩阵
tril(*X*)	提取一个矩阵的下三角部分	triu(*X*)	提取一个矩阵的上三角部分

【例 1-23】 输入矩阵 $\begin{pmatrix} 1 & 1 & 1 & 1 & 1 \\ 1 & 1 & 1 & 1 & 1 \\ 1 & 1 & 1 & 1 & 1 \end{pmatrix}$。

✪Matlab 程序

```
ones(3,5)
```

✪程序运行结果

```
ans =
     1     1     1     1     1
     1     1     1     1     1
     1     1     1     1     1
```

【例 1-24】 输入质量矩阵 $\boldsymbol{M} = \begin{pmatrix} 18000 & 0 & 0 & 0 \\ 0 & 17000 & 0 & 0 \\ 0 & 0 & 17000 & 0 \\ 0 & 0 & 0 & 15000 \end{pmatrix}$。

✪Matlab 程序

```
m=[18000,17000,17000,15000];M=diag(m)
```

✪程序运行结果

```
M =
      18000           0           0           0
          0       17000           0           0
          0           0       17000           0
          0           0           0       15000
```

【例 1-25】生成 10 个 30～50 之间的随机数。

✪Matlab 程序

```
30+20*rand(1,10)
```

✪程序运行结果

```
ans =
33.1523   49.4119   49.1433   39.7075   46.0056   32.8377   38.4352
48.3147   45.8441   49.1898
```

【例 1-26】生成一个 3 阶魔方矩阵，并提取该矩阵的下三角部分。

✪Matlab 程序

```
A=magic(3),B=tril(A)
```

✪程序运行结果

```
A =
     8     1     6
     3     5     7
     4     9     2
B =
     8     0     0
     3     5     0
     4     9     2
```

（2）矩阵元素的访问与修改

假如矩阵已经创建，用户需要访问矩阵的部分或全部元素，可以使用矩阵元素的行标和列标定位来索引。常用到的矩阵索引形式如下：

$A(i,j)$：矩阵 A 的第 i 行第 j 列元素；

$A(:,j)$：矩阵 A 的第 j 列元素；

$A(i,:)$：矩阵 A 的第 i 行元素；

$A(:)$：矩阵 A 的所有元素组成的一个列矩阵；

$A(i)$：矩阵 $A(:)$的第 i 个元素；

$A(i:j)$：矩阵 A 的第 i、（i+1），…，j 个元素；

[ ]：空矩阵。

利用上述索引形式可以对矩阵元素和矩阵本身进行修改和其他相关操作。

【例 1-27】已知矩阵 $A=\begin{pmatrix} 1 & 45 & \sin 3 \\ \ln 2 & 15 & 5 \\ 3.5 & \log 5_2 & 0 \end{pmatrix}$，通过依次运行如下的一些命令，掌握对矩阵的相关访问及修改操作。

在命令行窗口中依次输入并运行以下命令:

✪Matlab 程序

```
A=[1,45,sin(3);log(2),15,5;3.5,log2(5),0]
```

✪程序运行结果

```
A =
    1.0000   45.0000    0.1411
    0.6931   15.0000    5.0000
    3.5000    2.3219         0
```

✪Matlab 程序

```
A(3,2)
```

✪程序运行结果

```
ans =
    2.3219
```

✪Matlab 程序

```
A(4)
```

✪程序运行结果

```
ans =
    45
```

✪Matlab 程序

```
A(1:6)
```

✪程序运行结果

```
ans =
    1.0000    0.6931    3.5000   45.0000   15.0000    2.3219
```

✪Matlab 程序

```
A(1,:)
```

✪程序运行结果

```
ans =
    1.0000   45.0000    0.1411
```

✪Matlab 程序

```
A(:,3)
```

✪程序运行结果

```
ans =
    0.1411
    5.0000
         0
```

✪Matlab 程序

```
A(:)
```

✪程序运行结果

```
ans =
    1.0000
    0.6931
    3.5000
   45.0000
   15.0000
    2.3219
    0.1411
    5.0000
         0
```

✪Matlab 程序

```
A(1,1)=10;A(2,2)=10;A(3,3)=10;A
```

✪程序运行结果

```
A =
   10.0000   45.0000    0.1411
    0.6931   10.0000    5.0000
    3.5000    2.3219   10.0000
```

✪Matlab 程序

```
A(:,1)=[ ];A
```

✪程序运行结果

```
A =
   45.0000    0.1411
   10.0000    5.0000
    2.3219   10.0000
```

1.5.3 字符串

（1）字符串的输入

在 Matlab 中，字符串用一对单引号括起来的一串字符表示，数据类型为字符型。字符串通常赋值给变量，这样可以使字符串处理变得简单。

针对字符串变量和字符串矩阵，对应的输入命令形式如下。

① 命令形式：s='str'

功能：定义字符串变量 s。

② 命令形式：SA=['str1', 'str2',⋯]

功能：定义字符串矩阵 SA。

说明：字符串矩阵的每一行字符串元素的个数可以不同，但是每行字符的总数必须相同，否则系统提示出错。

【例 1-28】在命令行窗口中依次输入并运行以下命令。

✪Matlab 程序

```
'请输入材料的弹性模量：'
```

✪程序运行结果

```
ans =
请输入材料的弹性模量：
```

✪Matlab 程序

```
SA1=['截面面积';'A1']
```

✪程序运行结果

```
错误使用 vertcat
串联的矩阵的维度不一致。
```

✪Matlab 程序

```
SA2=['请输入该材料的','弹性模量','：';'12','0000000000']
```

✪程序运行结果

```
SA2 =
请输入该材料的弹性模量：
120000000000
```

（2）字符串处理函数

Matlab 常用的字符串处理函数如表 1-11 所示。

表 1-11 常用的字符串处理函数

函数名称	功能	函数名称	功能
num2str	将数值转换成字符串	int2str	将整数转换成字符串
str2num	将字符串转换成数值	eval	将字符串视为 Matlab 语句运行

【例 1-29】在命令行窗口中依次输入并运行以下命令。

✪Matlab 程序

```
disp('小明的身高为：'),disp([num2str(pi/3), 'm'])
```

✪程序运行结果

```
小明的身高为：
```

```
1.0472m
```

✪Matlab 程序

```
disp('小明的身高约为：'),disp([int2str(pi/3), 'm'])
```

✪程序运行结果

```
小明的身高约为：
1m
```

✪Matlab 程序

```
a=str2num('pi/3');b=cos(a)
```

✪程序运行结果

```
b =
    0.5000
```

✪Matlab 程序

```
c=-pi/2:pi/4:pi/2;d='[sin(c);cos(c);sin(c).*cos(c)]';eval(d)
```

✪程序运行结果

```
ans =
   -1.0000   -0.7071         0    0.7071    1.0000
    0.0000    0.7071    1.0000    0.7071    0.0000
   -0.0000   -0.5000         0    0.5000    0.0000
```

1.5.4 元胞数组

元胞数组是 Matlab 的一种特殊数据类型，可以将元胞数组看作一种无所不包的通用矩阵，或者叫做广义矩阵。组成元胞数组的元素可以是任何一种数据类型，每个元素也可以具有不同的尺寸和内存占用空间，每个元素的内容也可以完全不同。元胞数组的元素叫做元胞(cell)，几个元胞可以构成元胞数组。和一般的数值矩阵一样，元胞数组的内存空间也是动态分配的。元胞数组的创建有直接赋值创建和 cell 函数创建两种方式。

（1）直接赋值创建

首先将不同类型、不同尺寸的数组加大括号“{}”，构成一个元胞；然后将数个元胞组合成元胞数组赋给变量。

【例 1-30】在命令行窗口中依次输入并运行以下命令。

✪Matlab 程序

```
c1={'first';1:3}
```

✪程序运行结果

```
c1 =
  2×1 cell 数组
    'first'
    [1×3 double]
```

✪Matlab 程序

```
c2={'second';[1,2;6,8]}
```

✪程序运行结果

```
c2 =
  2×1 cell 数组
    'second'
    [2×2 double]
```

✪Matlab 程序

```
C=[c1,c2]
```

✪程序运行结果

```
C =
  2×2 cell 数组
    'first'          'second'
    [1×3 double]    [2×2 double]
```

可通过小括号“()”或大括号“{}”里面加下标的方式，来访问元胞数组的数据。小括号“()”里面加下标访问，返回的是对应的元胞；大括号“{}”里面加下标访问，返回的是对应元胞的内容。

【例 1-31】在命令行窗口中依次输入并运行以下命令，试理解访问元胞数组元素时小括号“()”与大括号“{}”的用法区别。

✪Matlab 程序

```
A={'烧结砖强度等级','MU10','烧结砖抗压强度',[10.4, 11.3, 13.6, 14.3,15.2]}
```

✪程序运行结果

```
A =
  1×4 cell 数组
    '烧结砖强度等级'    'MU10'    '烧结砖抗压强度'    [1×5 double]
```

✪Matlab 程序

```
A(1,1)
```

✪程序运行结果

```
ans =
  cell
    '烧结砖强度等级'
```

✪Matlab 程序

```
A{1,1}
```

✪程序运行结果

```
ans =
```

烧结砖强度等级

✪Matlab 程序

```
A(1,2)
```

✪程序运行结果

```
ans =
  cell
    'MU10'
```

✪Matlab 程序

```
A{1,2}
```

✪程序运行结果

```
ans =
MU10
```

✪Matlab 程序

```
A(1,4)
```

✪程序运行结果

```
ans =
  cell
    [1×5 double]
```

✪Matlab 程序

```
A{1,4}
```

✪程序运行结果

```
ans =
   10.4000   11.3000   13.6000   14.3000   15.2000
```

（2）cell 函数创建

先采用 cell 函数声明元胞数组空间，然后再对数组内容进行赋值。cell 函数创建的数组为空元胞数组，创建的目的是为数组预先分配连续的存储空间，节约内存占用，提高执行效率。

【例 1-32】在命令行窗口中依次输入并运行以下命令。

✪Matlab 程序

```
a=cell(2,2)
```

✪程序运行结果

```
a =
  2×2 cell 数组
    []    []
    []    []
```

✪Matlab 程序

```
a{1,1}='cellclass';a{1,2}=[1,2,2];a{2,1}=['a','b';'c','d'];a{2,2}=[3,4,5];a
```

✪程序运行结果

```
a =
  2×2 cell 数组
    'cellclass'    [1×3 double]
    [2×2 char]   [1×3 double]
```

✪Matlab 程序

```
a{1,1}
```

✪程序运行结果

```
ans =
cellclass
```

✪Matlab 程序

```
a{2,1}
```

✪程序运行结果

```
ans =
ab
cd
```

✪Matlab 程序

```
a{2,:}
```

✪程序运行结果

```
ans =
ab
cd
ans =
     3     4     5
```

1.5.5 结构数组

结构体变量可以通过字段来存储多个不同类型的数据，相当于一个混合数据的容器，往往一个结构可以存储一条记录的所有字段信息。例如，一个学生的学籍信息即可设置为结构体类型，其可以包含姓名、学号、性别、籍贯等字段。一个结构通过“域”来定义，几个结构可以合成一个结构数组，但其域名必须一致。

结构数组的创建有以下两种方式。

（1）直接赋值创建

为结构变量的每一个字段赋值即可完成创建。需要注意的是，该方法在创建时要用圆点号“.”。

【例 1-33】在命令行窗口中输入并运行以下命令。

✪Matlab 程序

```
material.name='混凝土';material.type='C30';
material.compressive_strength=2.01*10^7;material.tensile_strength=2.01*10^6;
material.density=2400;material.modulus=3*10^10;material.poisson=0.2;
material
```

✪程序运行结果

```
material =
  包含以下字段的 struct:
                  name: '混凝土'
                  type: 'C30'
    compressive_strength: 2.0100e+07
        tensile_strength: 2.0100e+06
                 density: 2400
                 modulus: 3.0000e+10
                 poisson: 0.2000
```

（2）struct 函数创建

命令形式：struct('field1',value1, 'field2', value2,…)

说明：'field1'、'field2'等表示指定的字段名，value1、value2 等表示字段名对应的字段值。

【例 1-34】将【例 1-33】中的结构变量用 struct 函数创建。

✪Matlab 程序

```
material= struct('name', '混凝土', 'type', 'C30','compressive_strength',2.01*10^7,...
'tensile_strength',2.01*10^6,'density',2400,'modulus',3*10^10,'poisson',0.2)
```

✪程序运行结果

```
material =
  包含以下字段的 struct:
                  name: '混凝土'
                  type: 'C30'
    compressive_strength: 2.0100e+07
        tensile_strength: 2.0100e+06
                 density: 2400
                 modulus: 3.0000e+10
                 poisson: 0.2000
```

第2章 Matlab程序设计基础

Matlab 程序设计是按照 Matlab 程序设计语言的规范描述解决问题的算法并进行程序编写的过程。Matlab 所提供的程序设计语言是一种被称为第四代编程语言的高级程序设计语言，具有突出的程序设计优势，如：程序简洁紧凑，可读性强；语法限制不严格，程序设计自由度大；数值算法稳定可靠，库函数和工具箱丰富；既具有结构化的控制语句，又支持面向对象的程序设计。本章内容包括 M 文件、Matlab 函数类别、程序控制结构、常用交互式命令及数据的导入与导出。

2.1 M 文件

Matlab 命令有两种执行方式：一种是交互式的命令执行方式，用户在命令行窗口逐条输入命令，Matlab 逐条解释执行，这种方式操作简单、直观，但速度慢，中间过程无法保留；另一种是 M 文件的程序设计方式，用户将有关命令编写成程序存储在一个文件中，Matlab 依次执行该文件中的命令，这种方式可编写调试复杂的程序，是实际应用中主要的执行方式。

M 文件有两种形式：命令文件（也称脚本文件）和函数文件。两种形式的 M 文件都是由若干 Matlab 语句或命令组成的文件，文件命名规则与变量命名相同，扩展名都是.m。

2.1.1 命令文件

（1）命令文件的建立

M 文件是由命令或函数构成的文本文件，可以用任何文本编辑程序来建立和编辑，一般常用且最为方便的是使用 Matlab 提供的文本编辑器。打开 Matlab 文本编辑器有以下三种方法：

a．单击操作界面工具栏中的“新建脚本”按钮。

b．单击操作界面工具栏中的“新建”按钮，再单击“脚本”。

c．在命令行窗口中输入命令 edit，再按 Enter 键。

打开的文本编辑器如图 2-1 所示。编辑器的主区域是程序窗口，用于编写程序；最左边细长区域显示的是行号，行号是自动出现的，随着命令行的增加而增加，每行都有个数字，包括空行；在行号和文本之间有一些小横线，这些横线只有在可执行的行上才有，而空行、注释行、函数定义行前面都没有，在进行程序调试时，可以直接在这些横线上单击鼠标，能够设置或去掉断点。

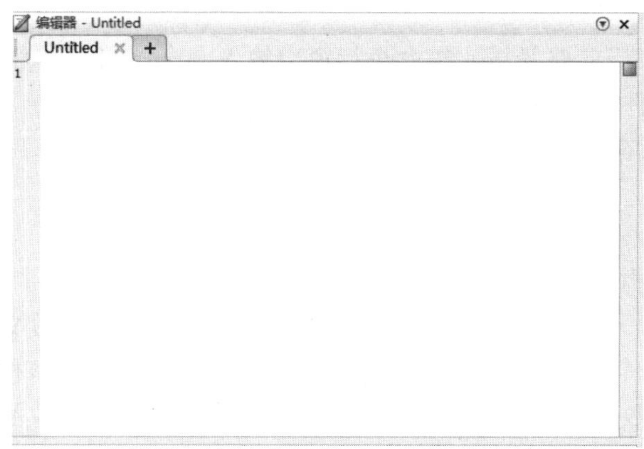

图 2-1　Matlab 文本编辑器

在文本编辑器的程序窗口输入相关命令，输入完毕后，单击操作界面工具栏中的“保存”按钮或“保存”下拉菜单中的“另存为”来保存程序文件，默认文件名是 Untitled，也可以更改文件名。注意，命令文件存放位置一般是 Matlab 默认的用户工作目录，如果要选择别的目录，则应该将目标目录设定为当前目录或将其添加到搜索路径中，以便于文件查找。

命令文件有以下两种运行方式：

a．单击操作界面工具栏中的“运行”按钮；

b．在命令行窗口中直接输入文件名，然后按 Enter 键。

【例 2-1】编写一个命令文件，将变量 *A*、*B* 值互换。

第一步：打开 Maltab 文本编辑器，输入以下命令：

✪Matlab 程序

```
clear,clc
A=[1,3,25,17,56];B=[2,34,56;23,45,3;16,66,100];
C=A;A=B;B=C;
A,B
```

第二步：保存命令文件，将文件名修改为 example2_1（.m）。

第三步：单击操作界面工具栏中的“运行”按钮，命令行窗口显示如下运行结果：

✪程序运行结果

```
A =
     2    34    56
    23    45     3
    16    66   100
```

```
B =
     1     3    25    17    56
```

（2）已有命令文件的打开

若用户需要对已有的命令文件进行修改或其他操作，需要先打开已有的命令文件。打开命令文件有以下三种方法：

a．单击操作界面工具栏中的“打开”按钮，然后在相关路径下找到目标文件，选中该文件左键双击或单击命令“打开”。

b．若命令文件在当前路径下，在命令行窗口输入命令：edit+文件名；若命令文件不在当前路径下，需在文件名前加上路径。

c．把命令文件所在路径设为当前路径，然后双击当前文件夹窗口中的该文件。

2.1.2　函数文件

（1）函数文件结构

如果M文件的第一行由关键字function开头，则该文件就是函数文件。每一个函数文件实际上是Matlab的一个子函数，其作用与其他高级语言的子函数基本相同，都是为了方便实现功能而定义的。函数文件与命令文件的主要区别是：函数文件有输入和输出参数，可进行变量传递，有返回结果，而命令文件没有参数与返回结果；函数文件的变量是局部变量，除非用global声明，不保存在工作空间中，而命令文件的变量是全局变量，执行完毕后仍保存在工作空间中；函数文件要定义函数名，且保存该函数文件的文件名必须是函数名.m，而命令文件只需有一个合法的文件名。

通常，函数文件的基本结构由以下五部分组成：函数定义行、H1行、函数帮助文本、函数体和注释。

① 函数定义行

函数文件的定义行位于整个函数文件的第一行，是以function引导的函数声明行。

命令形式：function [输出参数]=函数名(输入参数)

说明：function 为函数定义的关键字，函数名的命名规则与变量名相同；当函数有多个输出参数时，参数之间用逗号“,”分隔，全部输出参数用方括号括起；当函数不包含输出参数时，则直接省略输出部分或采用空方括号表示；当函数有多个输入参数时，参数之间用逗号“,”分隔，全部输入参数用圆括号括起。

② H1行

在函数文件中，第二行一般是注释行，这一行称为H1行，实际上它是帮助文本中的第一行。H1行不仅可以由“help 函数名”命令显示，而且lookfor命令只在H1行内搜索，因此这一行内容提供了该函数的重要信息。

③ 函数帮助文本

这一部分内容是从H1行开始到第一个非%开头行结束的帮助文本，它用来比较详细地介绍说明这一函数。当在Matlab命令行窗口下执行“help 函数名”时，可显示出H1行和函数帮助文本。

④ 函数体

函数体是完成指定功能的语句实体，它可采用任何可用的Matlab命令，包括Matlab提供的函数和用户自己设计的M函数。

⑤ 注释

注释行是以%开头的行，它可出现在函数的任意位置，也可加在语句行之后，以便对本行进行解释。

在函数文件中，除了函数定义行和函数体之外，其他部分不是函数文件结构的必须组成部分，都是可以省略的。但若编写一个较为复杂的函数文件，为了提高函数的可用性，应加上 H1 行和函数帮助文本；为了提高函数的可读性，应加上适当的注释。

（2）函数调用

函数文件编好后，就可以调用函数进行相关计算了。

命令形式：[输出参数]=函数名(输入参数)

说明：函数调用时各参数出现的顺序和个数应与函数定义时参数的顺序和个数保持一致，否则会出错。

【例 2-2】编写一个求圆环面积的函数文件，并分别求半径为 89、56、15 的大圆与半径为 65、32、9 的小圆组成的圆环面积。

第一步：打开 Maltab 文本编辑器，输入以下函数文件的命令：

✪Matlab 函数程序

```
function s=myring(R,r)
%myring 函数功能：求半径为 R 的大圆与半径为 r 的小圆组成的圆环面积
%myring 函数输入参数：大圆半径 R 和小圆半径 r
%myring 函数输出参数：圆环面积 s
s=pi*(R^2-r^2);
```

第二步：保存函数文件，文件名为 myring（.m）。

第三步：函数调用。在命令行窗口依次输入并运行以下命令：

✪Matlab 程序

```
s1=myring(89,65)
```

✪程序运行结果

```
s1 =
   1.1611e+04
```

✪Matlab 程序

```
s2=myring(56,32)
```

✪程序运行结果

```
s2 =
   6.6350e+03
```

✪Matlab 程序

```
s3=myring(15,9)
```

✪程序运行结果

```
s3 =
  452.3893
```

在此，以该例题为例，演示函数文件中 H1 行和函数帮助文本的作用。在命令行窗口依次输入并运行以下命令：

✪Matlab 程序

```
help myring
```

✪程序运行结果

myring 函数功能：求半径为 R 的大圆与半径为 r 的小圆组成的圆环面积
myring 函数输入参数：大圆半径 R 和小圆半径 r
myring 函数输出参数：圆环面积 s

✪Matlab 程序

```
lookfor myring
```

✪程序运行结果

```
myring          - 函数功能：求半径为 R 的大圆与半径为 r 的小圆组成的圆环面积
```

【例 2-3】利用函数文件，实现直角坐标(x,y)与极坐标(ρ,θ)之间的转换。

第一步：打开 Maltab 文本编辑器，输入以下函数文件的命令：

✪Matlab 函数程序

```
function [rho,theta]=tran(x,y)
rho=sqrt(x^2+y^2);theta=atan(y/x);
```

第二步：保存函数文件，文件名为 tran（.m）。

第三步：函数调用。在命令行窗口输入并运行以下命令：

✪Matlab 程序

```
x=input('Please input x=');
y=input('Please input y=');
 [rho,theta]=tran(x,y)
```

✪程序运行结果

```
Please input x=78（键盘输入 78）
Please input y=100（键盘输入 100）
rho =
  126.8227
theta =
    0.9084
```

2.1.3 全局变量和局部变量

如果一个函数文件内的变量没有特别声明，那么这个变量只在函数内部使用，即为局部变量。如果两个或多个函数共用一个变量（或者说在子程序中也要用到主程序中的变量，注意不是参数），那么可以用 global 将它声明为全局变量。全局变量的作用域是整个 Maltab 工作空间，所有的函数都可以对它进行存取和修改。全局变量的使用可以减少参数传递，合理利用全局变量可以提高程序执行的效率。

值得注意的是，在程序设计中，全局变量固然可以带来某些方便，但却破坏了函数对变量的封装，降低了程序的可读性。因而，在结构化程序设计中，全局变量是不受欢迎的。尤其当程序较大，子程序较多时，全局变量将给程序调试和维护带来不便，故不提倡使用全局变量。如果一定要用全局变量，变量名称最好能反映变量含义，以免和其他变量混淆。

【例 2-4】全局变量应用示例。

第一步：打开 Maltab 文本编辑器，输入以下函数文件的命令：

✪Matlab 函数程序

```
function f=wadd(x,y)
global ALPHA BETA
f=ALPHA*x+BETA*y ;
```

第二步：保存函数文件，文件名为 wadd（.m）。

第三步：函数调用。在命令行窗口输入并运行以下命令：

✪Matlab 程序

```
global ALPHA BETA
ALPHA=1;BETA=2;
s=wadd(10,20)
```

✪程序运行结果

```
s =
    50
```

上述示例中，由于函数 wadd 和工作空间中都把 ALPHA 和 BETA 两个变量定义为全局变量，所以只要在命令窗口中改变 ALPHA 和 BETA 的值，就可以改变加权值，而无须修改 wadd.m 文件。在实际编程时，可在所有需要调用全局变量的函数或工作空间里定义全局变量，这样就可以实现数据共享。在函数文件里，全局变量的定义语句应该放在变量使用以前，为了便于了解所有的全局变量，一般把全局变量的定义语句放在文件的前部。

2.2 Matlab 函数类别

在 Matlab 中，函数类别又被细分为主函数和子函数、嵌套函数、匿名函数及内联函数等，下面逐一进行介绍。

2.2.1 主函数和子函数

M 函数文件中的第一个由 function 引出的函数是主函数。主函数是在命令行窗口或其他函数中可直接调用的由该 M 文件所定义的唯一函数。

一个 M 文件可以含有多个函数，主函数之外的函数都称为子函数。子函数不独立存在，只能依附在主函数体内，只能被其所在的主函数和同一 M 文件中的其他子函数调用。子函数可以出现在主函数体的任何位置，其位置先后与调用次序无关。另外，即使在同一 M 文件中，子函数内定义的变量也不可为其他子函数所使用，除非通过定义全局变量或作为参数传递。

【例 2-5】主函数和子函数示例。

第一步：打开 Maltab 文本编辑器，分别输入以下函数文件的命令：

✪Matlab 函数程序

```
function c=test(a,b)            %主函数
c=test1(a,b)*test2(a,b);
end
```

✪Matlab 函数程序

```
function c=test1(a,b)           %子函数 1
c=a+b;
end
```

✪Matlab 函数程序

```
function c=test2(a,b)           %子函数 2
c=a-b;
end                             %此处及以上 end 可以省略
```

第二步：分别保存函数文件，文件名分别为 test（.m）、test1（.m）和 test2（.m）。

第三步：函数调用。在命令行窗口中输入并运行以下命令：

✪Matlab 程序

test(15,10)

✪程序运行结果

```
ans =
    125
```

2.2.2 嵌套函数

M 函数体内所定义的函数称为外部函数的嵌套函数，Matlab 支持多重嵌套函数，即在嵌套函数内部继续定义下一层的嵌套函数 Matlab 函数体通常不需 end 结束标记，但如包含嵌套函数，则该 M 文件内的所有函数（主函数和子函数），不论是否包含嵌套函数都必须使用 end 标记。

嵌套函数中的局部变量在其任一层内部嵌套函数或外部父级函数中都可访问，嵌套函数的调用规则：①父级函数可调用下一层嵌套函数；②相同父级的同级嵌套函数可相互调用；③处于低层的嵌套函数可调用任意父级函数。

【例 2-6】两个合法的嵌套函数文件示例。

（1）函数文件 nestfun_exam1

✪Matlab 函数程序

```
function nestfun_exam1
x=5;
nestfun1
   function nestfun1
```

```
    nestfun2
      function nestfun2
       x=x+1
      end
    end
end
```

（2）函数文件 nestfun_exam2

✪Matlab 函数程序

```
function nestfun_exam2
nestfun1
   function nestfun1
    nestfun2
      function nestfun2
       x=5;
      end
   end
x=x+1
end
```

✪程序运行结果

```
x =
     6
```

【例 2-7】一个不合法的嵌套函数文件示例。

函数文件 nestfun_exam3:

✪Matlab 函数程序

```
function nestfun_exam3
nestfun1
nestfun2
   function nestfun1
     x=5;
   end
   function nestfun2
     x=x+1
   end
end
```

✪程序运行结果

```
未定义函数或变量 'x'。
出错 nestfun_exam3/nestfun2 (line 8)
     x=x+1
```

```
出错 nestfun_exam3 (line 3)
nestfun2
```

2.2.3 匿名函数

匿名函数的作用在于可以快速生成简单的函数，而不需创建M文件，匿名函数通常在命令行窗口或任何函数体内由命令直接生成。

创建匿名函数的命令形式：fhandle = @(arglist) expr

说明：fhandle 是所创建匿名函数的句柄；符号@代表创建函数句柄，匿名函数必须使用此符号；arglist 是输入参数列表，有多个时用逗号分隔；expr 是由输入参数构成的函数表达式。

匿名函数的调用形式有两种：直接调用形式和间接调用形式。

直接调用形式：fhandle(arglist)

间接调用形式：feval(fhandle,arglist)

【例 2-8】请创建代替如下函数文件的匿名函数，并调用执行。

函数文件 ff:

✪Matlab 程序

```
function z=ff(x,y)
z=x^2+y^2;
```

创建匿名函数并调用：

✪Matlab 程序

```
ff=@(x,y)x^2+y^2;
ff(10,20)
```

✪程序运行结果

```
ans =
    500
```

✪Matlab 程序

```
feval(ff,5,15)
```

✪程序运行结果

```
ans =
    250
```

2.2.4 内联函数

内联函数又称在线（inline）函数，是 Matlab7.0 以前经常使用的一种构造函数对象的方法。内联函数通过 inline 命令直接构造函数，而不用将其储存为一个M文件，调用时同一般函数和匿名函数一样。由于内联函数是储存在内存中而不是M文件中，省去了文件访问的时间，加快了程序的运行效率。

创建内联函数的命令形式：var_name=inline('expr', 'arg1', 'arg2',…, 'argn')

说明：var_name 是所创建内联函数的变量名；expr 是由输入变量构成的函数表达式；arg1，arg2，…，argn 是各个输入变量名。

虽然内联函数有 M 文件不具备的一些优势，但是内联函数的使用也会受到一些限制。首先，不能在内联函数中调用另一个内联函数；另外，只能由一个 Matlab 表达式组成，并且只能返回一个变量。

【例 2-9】内联函数创建示例。

✪Matlab 程序

```
fn=inline('3*sin(x)+2*cos(y)', 'x', 'y');
fn(pi/3,pi/6)
```

✪程序运行结果

```
ans =
   4.3301
```

2.3 程序控制结构

作为一种程序设计语言，Matlab 提供了 5 种程序控制结构，包括顺序结构、循环结构、条件结构、开关结构和试探结构，供用户根据具体情况来选择使用并根据某些判断结果来控制一些程序流的执行次序。

2.3.1 顺序结构

顺序结构是最简单的程序结构，用户在编写好程序之后，系统将按照程序的物理位置顺次执行。

【例 2-10】建立一个如下的顺序结构命令文件，并运行文件。

✪Matlab 程序

```
disp('请看执行结果：')
disp('the first line')
disp('the second line')
disp('the third line')
disp('the fourth line')
disp('the end')
```

✪程序运行结果

请看执行结果：

```
the first line
the second line
the third line
the fourth line
the end
```

2.3.2 循环结构

循环结构有两种：for-end 结构和 while-end 结构，这两种结构不完全相同，各有各的特色。它们允许多级嵌套和互相嵌套。

（1）for-end 循环结构

for-end 循环结构的基本形式：

```
for 循环变量=表达式
    循环体语句
end
```

说明：表达式可以是任意给定的一个数组，也可以是由 Matlab 命令产生的一个数组；循环体语句被重复执行的次数是确定的，该次数由表达式决定；该结构的作用是使循环变量从表达式中的第一个数值（或数组）一直循环到表达式中的最后一个数值（数组），并不要求循环变量作等距选择，也不要求它是单调的。

【例 2-11】利用 for-end 循环结构求 1~100 的整数之和。

✪Matlab 程序

```
sum=0;
for i=1:100
    sum=sum+i;
end
sum
```

✪程序运行结果

```
sum =
        5050
```

应当注意的是：for-end 循环结构的循环体语句中，可以多次嵌套 for-end 循环结构和其他的结构体；break 语句与 if 语句配合可以用来控制流程中断，当程序执行到 break 语句时，会跳出当前循环，而不是跳出整个嵌套结构。

【例 2-12】构造一个三行三列的矩阵 ***a***，使 $a_{ij}=i+j$。

✪Matlab 程序

```
for i=1:3
    for j=1:3
        a(i,j)=i+j;
    end
end
a
```

✪程序运行结果

```
a =
     2     3     4
     3     4     5
     4     5     6
```

（2）while-end 循环结构

while-end 循环结构的基本形式：

while 逻辑表达式

　　循环体语句

end

说明：该循环将循环体语句的循环执行不定次数，用逻辑表达式的值来判断循环要继续进行还是停止；若逻辑表达式的值为真（非零），则执行循环体语句，执行后再返回到 while 引导的逻辑表达式处，继续判断；若逻辑表达式的值为假（零），则跳出循环。

【例 2-13】利用 while-end 循环结构来计算 1!+2!+…+50!的值。

✪Matlab 程序

```
sum=0;i=1;
while i<51
    sum=sum+factorial(i);      % factorial 是阶乘函数
    i=i+1;
end
disp('1!+2!+...+50!='),disp(sum)
```

✪程序运行结果

```
1!+2!+...+50!=
   3.1035e+64
```

while-end 循环与 for-end 循环是可以相互转化的，在运行次数相同的情况下，for-end 循环结构的计算时间一般会小于 while-end 循环结构的计算时间，因为逻辑判断通常需要花费更长的时间。

【例 2-14】分别采用 for-end 循环结构和 while-end 循环结构计算 $\sum_{n=1}^{100000000000} n^2$ 的值，并比较两种循环结构的执行时间。

✪Matlab 程序

```
%for-end 循环结构
clear,clc
t=clock; sum=0;                % clock 命令是获取系统的时间矢量
for i=1:100000000000
    sum=sum+i^2;
end
t1=etime(clock,t)              % etime 函数是计算两个时间矢量之间的差（单位：秒）
sum
%while-end 循环结构
clear
t=clock;
sum=0;
i=1;
```

```
while i<=100000000000
    sum=sum+i^2;
    i=i+1;
end
t2=etime(clock,t)
sum
```

✪程序运行结果

```
t1 =
  233.1080
sum =
   3.3333e+32
t2 =
  240.1620
sum =
   3.3333e+32
```

2.3.3 条件结构

在计算中通常遇到要根据不同的条件来执行不同语句的情况，这时就要用到条件结构。Matlab 提供了三种不同形式的 if-else-end 条件结构：

（1）单分支结构的基本形式

```
if 逻辑表达式
    语句组
end
```

说明：如果逻辑表达式的值为真，就执行语句组，否则执行 end 后面的语句。

（2）双分支结构的基本形式

```
if 逻辑表达式
    语句组 1
else
语句组 2
end
```

说明：如果逻辑表达式的值为真，就执行语句组 1，否则执行语句组 2。

（3）多分支结构的基本形式

```
if 逻辑表达式 1
    语句组 1
elseif 逻辑表达式 2
语句组 2
    ……
else
    语句组 n
```

end

说明：如果逻辑表达式 1 的值为真，就执行语句组 1，然后跳出条件结构语句组；否则判断逻辑表达式 2，如果逻辑表达式 2 的值为真，就执行语句组 2，然后跳出条件结构语句组；否则以此类推，如果所有逻辑表达式的值都为假，就执行 else 后面的语句组 n。

【例 2-15】 编写一个命令文件，实现如下要求：用户任意输入一个 a 值，若 a 值小于 100，则显示 “a is less than 100”，并输出 a^2 的值。

✪Matlab 程序

```
a=input('a=');
if a<100
   disp('a is less than 100')
   y=a^2;
end
disp('a^2='),disp(y)
```

✪程序运行结果

```
a=56（键盘输入 56）
a is less than 100
a^2=
      3136
```

【例 2-16】 编写一个命令文件，实现如下要求：用户任意输入一个 a 值，若 a>0，则显示 “a>0”，否则显示 “a<=0”。

✪Matlab 程序

```
a=input('a=');
if a>0
   disp('a>0')
else
    disp('a<=0')
end
```

✪程序运行结果

```
a=-10（键盘输入-10）
a<=0
a=190（键盘输入 190）
a>0
```

【例 2-17】 编写一个函数文件，计算如下函数值：

$$f(x)=\begin{cases} x & x<1 \\ 2x-1 & 1\leqslant x\leqslant 10 \\ 3x-11 & 10<x\leqslant 30 \\ \sin x+\ln x & x>30 \end{cases}$$

✪Matlab 函数程序

```
function y=secfun(x)
if x<1
   y=x;
elseif x>=1 & x<=10
   y=2*x-1;
elseif x>10 & x<=30
   y=3*x-11;
else
   y=sin(x)+log(x);
end
```

✪Matlab 程序

```
result=[ secfun (0.2), secfun (2), secfun (30), secfun (10*pi)]
```

✪程序运行结果

```
result =
   0.2000   3.0000  79.0000   3.4473
```

2.3.4 开关结构

从 Matlab 5.0 版本开始提供了 switch-case-end 开关结构，开关结构的基本形式：

switch 开关表达式
　case 表达式 1
　　语句组 1
　case 表达式 2
　　语句组 2
　　……
　case 表达式 n−1
　　语句组 n−1
　otherwise
　　语句组 n
end

说明：当开关表达式的值等于表达式 1 的值时，执行语句组 1；当开关表达式的值等于表达式 2 的值时，执行语句组 2；以此类推，当开关表达式的值等于表达式 n−1 的值时，执行语句组 n−1；当开关表达式的值与 case 后所有表达式的值不相等时，执行语句组 n；当任意一个语句组执行完成后，直接执行 switch 语句的下一句。

【例 2-18】编写一个转换成绩等级的函数文件 exam_swi1（.m），其中成绩等级转换标准为：考试分数在[90,100]分显示优秀；在[80,90)分显示良好；在[70,80)分显示中等；在[60,70)分显示及格；在[0,60)显示不及格。通过函数调用，试判断考试分数为 97、80、72、65 和 44 的等级转化结果。

✪Matlab 函数程序

```
function result=gradconv(x)
n=fix(x/10);
switch n
case {9,10}
    disp('优秀')
case 8
    disp('良好')
case 7
    disp('中等')
case 6
    disp('及格')
otherwise
    disp('不及格')
end
```

✪Matlab 程序

```
gradconv(97)
```

✪程序运行结果

```
优秀
```

✪Matlab 程序

```
gradconv(80)
```

✪程序运行结果

```
良好
```

✪Matlab 程序

```
gradconv(72)
```

✪程序运行结果

```
中等
```

✪Matlab 程序

```
gradconv(65)
```

✪程序运行结果

```
及格
```

✪Matlab 程序

```
gradconv(44)
```

✪程序运行结果

```
不及格
```

【例 2-19】某商场对顾客所购买的商品实行打折销售，标准如下(商品价格用 price 表示):

$$\begin{cases} price < 200 & \text{没有折扣} \\ 200 \leqslant price < 500 & 3\%\text{折扣} \\ 500 \leqslant price < 1000 & 5\%\text{折扣} \\ 1000 \leqslant price < 2500 & 8\%\text{折扣} \\ 2500 \leqslant price < 5000 & 10\%\text{折扣} \\ 5000 \leqslant price & 14\%\text{折扣} \end{cases}$$

求所售商品的实际销售价格。

✪Matlab 程序

```
price=input('请输入商品价格');
switch fix(price/100)
case{0,1}
   rate=0;
case{2,3,4}
   rate=3/100;
case num2cell(5:9)
   rate=5/100;
case num2cell(10:24)
   rate=8/100;
case num2cell(25:49)
   rate=10/100;
otherwise
   rate=14/100;
end
price=price*(1-rate)
```

✪程序运行结果

```
请输入商品价格 950（键盘输入 950）
price =
  902.5000
请输入商品价格 4800（键盘输入 4800）
price =
      4320
```

2.3.5 试探结构

Matlab 从 5.2 版本开始提供了试探结构，试探结构的基本形式：

try

  语句组 1

```
catch
   语句组 2
end
```

说明：首先试探性执行语句组 1，如果语句组 1 在执行过程中出现错误，则将错误信息赋给保留的 lasterr 变量（当 lasterr 的值为一个“空”串时，则表明语句组 1 被成功执行），并转去执行语句组 2；如果执行语句组 2 时又出现错误，Matlab 将终止该试探结构。

试探结构在实际编程中是很有用的。例如，可以将一段不保险但速度快的算法程序放在语句组 1 中，而另一段保险的程序放在语句组 2 中，这样既能保证原始问题的求解更加可靠，也能使程序高速执行。

【例 2-20】编写试探结构的命令文件，实现如下功能：对 4 × 4 的魔方数组的行进行索引，当行的下标超出魔方矩阵的最大行数时，将改对最后一行进行索引，并显示“出错”警告。

✪Matlab 程序

```
clear,clc
n=5;A=magic(4);
try
    A_n=A(n,:)
catch
    A_end=A(end,:)
end
lasterr                              % 显示出错原因
```

✪程序运行结果

```
A_end =
     4    14    15     1
ans =
索引超出矩阵维度。
```

【例 2-21】矩阵乘法运算要求两矩阵的维数相容，否则会出错。先求两矩阵的乘积，若出错，则自动转去求两矩阵的点乘。

✪Matlab 程序

```
A=[1,2,3;4,5,6];B=[7,8,9;10,11,12];
try
    C=A*B;
catch
    C=A.*B;
end
C
lasterr
```

✪程序运行结果

```
C =
```

```
     7    16    27
    40    55    72
ans =
错误使用  *
内部矩阵维度必须一致。
```

2.4 常用交互式命令

2.4.1 input 命令

Matlab 提供了一些输入输出函数，允许用户和计算机之间进行数据交换。如果用户想从键盘输入数据，则可以使用 input 命令来进行。

命令形式：A=input(提示信息,选项)

功能：用于接收用户从键盘输入的数字、字符串或表达式，并将键盘输入的内容保存在变量中。

说明：提示信息为一个字符串，用于提示用户输入什么样的数据；若选项采用's'，则允许用户输入一个字符串（内容不需执行）；若选项's'省略，则用户输入的表达式要执行。

【例 2-22】在命令行窗口输入以下命令并运行。

✪Matlab 程序

```
n_age=input('请输入你的年龄：')
```

✪程序运行结果

请输入你的年龄：19（键盘输入 19）

```
n_age =
    19
```

✪Matlab 程序

```
s_name= input('What is your name?', 's')
```

✪程序运行结果

```
What is your name?Zhang San（键盘输入 Zhang San）
s_name =
Zhang San
```

✪Matlab 程序

```
n=input('请计算表达式 3^3+5 的值：')
```

✪程序运行结果

请计算表达式 3^3+5 的值：3^3+5（键盘输入 3^3+5）

```
n =
    32
```

2.4.2 disp 命令

命令形式：disp(输出项)

功能：显示信息输出提示。

说明：输出项常常为字符串，也可以为矩阵；用 disp 函数显示矩阵时将不显示矩阵的名字，而且格式更紧密，且不留任何没有意义的空行。

【例 2-23】在命令行窗口中依次输入并运行以下命令。

✪Matlab 程序

```
disp('**理工大学欢迎您！')
```

✪程序运行结果

```
**理工大学欢迎您!
```

✪Matlab 程序

```
A=zeros(2,4);disp(A)
```

✪程序运行结果

```
     0     0     0     0
     0     0     0     0
```

2.4.3 pause 命令

当 Matlab 程序运行时，有时会中途暂停程序以查看中间过程输出的运行结果或相关图形，这时就需要用到实现暂停功能的 pause 命令。pause 常用的两种命令形式及功能如下：

（1）命令形式 1：pause

功能：暂停程序的执行，等待用户按任意键继续。

（2）命令形式 2：pause(*n*)

功能：暂停程序的执行，*n* 秒后继续，*n* 为非负实数。

【例 2-24】在命令行窗口输入以下命令并观察运行效果。

✪Matlab 程序

```
disp('欢');pause(1); disp('迎');pause(1);disp('您')
```

✪程序运行结果

```
欢                (之后暂停 1s)
迎                (之后暂停 1s)
您
```

2.4.4 break 和 continue 命令

（1）命令：break

功能：用于终止循环的执行。

说明：当在循环体内执行到该命令时，程序将跳出循环，继续执行循环体语句的下一语句。

（2）命令：continue

功能：控制跳过循环体中的某些语句。

说明：当在循环体内执行到该命令时，程序将跳过循环体中所有剩下的语句，继续下一次循环。

【例 2-25】求[100,200]之间第一个能被 21 整除的整数。

✪Matlab 程序

```
for i=100:200
    if rem(i,21)~=0                    %rem 为求余数函数
       continue
    end
    break
end
i
```

✪程序运行结果

```
i =
   105
```

2.5 数据的导入与导出

在进行数据计算时，不可避免地要涉及数据的导入和导出问题。如果数据量比较小，可以通过定义矩阵的形式直接把数据写在程序中，或者直接把数据输出到 Matlab 命令行窗口。可是当数据量比较大时，这种方法就行不通了，此时需要从包含所需数据的外部文件中将数据导入到 Matlab 工作空间中，输出结果也应该写入到数据文件中。

Matlab 中提供了很多文件读写函数，常见的数据文件包括二进制文件、text 文件以及 excel 文件。利用函数可以从文件中读取数据，然后将数值赋给变量，也可以把变量写入到文件中。

2.5.1 二进制文件的导入和导出

二进制格式的数据文件通常包含两种类型：通常的二进制格式 dat 数据文件和 Matlab 特有的 mat 数据文件（Matlab 中数据存储的标准格式）。下面以 mat 数据文件为例，对二进制文件的导入和导出命令进行介绍。

（1）二进制文件的导入

命令形式：save filename

功能：保存 Matlab 工作区中的所有变量至 filename（.mat）文件中。

说明：如果 filename 中包含路径，则将文件保存在相应目录下，否则默认路径为当前路径；若只需保存 Matlab 工作区中的指定变量而非所有变量，可在命令 save filename 后加上指定变量名，即 save filename 变量名。

（2）二进制文件的导出

命令形式：load filename

功能：将 filename 文件中的数据加载至 Matlab 工作区。

说明：一般情况下 filename 文件为 mat 格式文件，也支持以空格作为间隔符的 txt 格式等数据文件。

【例 2-26】在命令行窗口中输入并运行以下命令，并观察运行效果。

✪Matlab 程序

```
clear
A=rand(4,5);B=ones(4,5)+2*A;
save ABdata
clear
load ABdata
A,B
```

✪程序运行结果

```
A =
    0.7513    0.8909    0.1493    0.8143    0.1966
    0.2551    0.9593    0.2575    0.2435    0.2511
    0.5060    0.5472    0.8407    0.9293    0.6160
    0.6991    0.1386    0.2543    0.3500    0.4733
B =
    2.5025    2.7818    1.2986    2.6286    1.3932
    1.5102    2.9186    1.5150    1.4870    1.5022
    2.0119    2.0944    2.6814    2.8585    2.2321
    2.3982    1.2772    1.5086    1.7000    1.9466
```

同时，当前文件夹多了一个以 ABdata.mat 命名的文件。

2.5.2 txt 文件的导入和导出

（1）txt 文件的导入

txt 格式文件是纯文本文件，可以利用记事本程序查看和编辑。大多数数据处理软件均支持 txt 文件数据的导入，常用的从 txt 文件中导入数据的 Matlab 命令如表 2-1 所示。

表 2-1 txt 文件的导入命令

命令	功能	命令	功能
load	从文件导入数据	importdata	从文件导入数据
dlmread	从文本文件中导入数据	textread	按指定格式从文本文件或者字符串中读取数据
sscanf	按指定格式从字符串中读取数据	fscanf	按指定格式从文本文件中读取数据
dataset	读取外部数据，创建数据集	readtable	读取外部数据，创建表格型数组

（2）txt 文件的导出

用于导出数据到文本文件的 Matlab 命令见表 2-2。

表 2-2 txt 文件的导出命令

命令	功能
save	将工作空间变量写入文本文件
dlmwrite	按指定格式将数据写入文本文件
fprintf	按指定格式将数据写入文件

【例 2-27】在命令行窗口中输入并运行以下命令，并观察运行效果。

✪Matlab 程序

```
clear
A=rand(4,5);B=ones(4,5)+2*A;
save B.txt -ascii
clear
load B.txt
C=B;
dlmwrite('C.txt',C)
clear
load C.txt
C
```

✪程序运行结果

```
C =
    0.2425    0.8972    0.4561    0.2974    0.5054
    0.0538    0.1967    0.1017    0.0620    0.7614
    0.4417    0.0934    0.9954    0.2982    0.6311
    0.0133    0.3074    0.3321    0.0464    0.0899
    1.4850    2.7944    1.9121    1.5947    2.0109
    1.1075    1.3933    1.2033    1.1241    2.5229
    1.8834    1.1867    2.9908    1.5965    2.2621
    1.0266    1.6147    1.6642    1.0927    1.1798
```

同时，当前文件夹多了两个分别以 B.txt 和 C.txt 命名的文件。

2.5.3 excel 文件的导入和导出

（1）excel 文件的导入

命令形式：[num,text]=xlsread(filename,sheet,range)

功能：导入（读取）excel 工作表中的数据。

说明：filename 为文件名，扩展名一般为 xls，是可选项；sheet 为 excel 工作表名；range 为 excel 工作表内的数据区域；num 为返回的 excel 工作表数据；text 为返回的字符串型单元格内容的元胞数组，是可选项；当 excel 工作表的顶部或底部有一个或多个非数字行（如文字标题），左边或右边有一个或多个非数字列时，在输出中不包括这些行和列；如果工作表中的某一列是非数字单元格或者部分非数字单元格，那么 xlsread 函数不会忽略这样的行或者列，在读取时，非数字单元格用 NaN 代替。

【例 2-28】某班级学生的体测数据表（excel 工作表详见第 2 章源程序的 sports_test.xls 文件）如表 2-3 所示，请列出学号前 10 名同学的体测数据。

表 2-3 学生的体测数据表

学号	身高/cm	体重/kg	身高体重等级	肺活量/mL	耐力类项目分数	柔韧及力量类项目分数	速度及灵巧类项目分数
09040101	169.8	48.7	营养不良	3327	69	72	60
09040102	174	71.5	超重	2805	84	94	75
09040103	161.9	52.1	较低体重	3625	84	72	60
09040104	178.3	53.8	营养不良	3678	60	100	50
09040105	159.9	55.2	正常体重	3007	63	100	78
09040106	162.1	57.7	正常体重	2800	60	87	78
09040107	171.2	72.2	肥胖	1609	96	72	63
09040108	162.1	48.3	较低体重	3059	75	100	60
09040109	165.3	62.7	正常体重	4311	72	92	60
09040110	180	58.3	较低体重	3921		66	66
09040111	181.8	93.5	肥胖	7359	63	60	63
09040112	171.3	61.6	正常体重	5201	20	100	78
09040113	180.4	68	正常体重	6110	69	78	100
09040114	161.4	44.7	营养不良	2961	63	100	60
09040115	166	49.1	较低体重	2583	75		75
09040116	166.1	46.8	营养不良	3735		100	66
09040117	158	51.3	正常体重	3398	69	78	66
09040118	173.2	63.8	正常体重	5064	20	78	60
09040119	177.9	56.6	较低体重	3065	75	92	60
09040120	156.9	52.3	正常体重	3031	72	81	78
09040121	168.1	55.4	较低体重	3524	30	81	66
09040122	167.3	51.2	较低体重	3202	81	100	78
09040123	170.6	63.5	正常体重	3438	66	100	81
09040124	167.8	57.8	正常体重	4361	81	100	84
09040125	160	53.5	正常体重	3154	94	100	78
09040126	161.6	52	较低体重	2735	78	81	78
09040127	156.8	50.7	较低体重	4369	50	100	60
09040128	153.8	46.1	较低体重	2919	84	100	78
09040129	155.3	47.6	较低体重	2479	63	94	81

✪Matlab 程序

```
num=xlsread('sports_test.xls','A2:H11')
```

✪程序运行结果

```
num =
   1.0e+03 *
    0.1698    0.0487       NaN    3.3270    0.0690    0.0720    0.0600
```

```
    0.1740    0.0715       NaN    2.8050    0.0840    0.0940    0.0750
    0.1619    0.0521       NaN    3.6250    0.0840    0.0720    0.0600
    0.1783    0.0538       NaN    3.6780    0.0600    0.1000    0.0500
    0.1599    0.0552       NaN    3.0070    0.0630    0.1000    0.0780
    0.1621    0.0577       NaN    2.8000    0.0600    0.0870    0.0780
    0.1712    0.0722       NaN    1.6090    0.0960    0.0720    0.0630
    0.1621    0.0483       NaN    3.0590    0.0750    0.1000    0.0600
    0.1653    0.0627       NaN    4.3110    0.0720    0.0920    0.0600
    0.1800    0.0583       NaN    3.9210       NaN    0.0660    0.0660
```

如果需要使用工作表中的文本数据，也可以使用 xlsread 命令的另一种形式来获取工作表中的数字和文本。注意，这里 txt 变量是一个元胞数组。

✪Matlab 程序

```
[num,txt]=xlsread('sports_test.xls','A2:H11')
```

✪程序运行结果

```
num =
   1.0e+03 *
    0.1698    0.0487       NaN    3.3270    0.0690    0.0720    0.0600
    0.1740    0.0715       NaN    2.8050    0.0840    0.0940    0.0750
    0.1619    0.0521       NaN    3.6250    0.0840    0.0720    0.0600
    0.1783    0.0538       NaN    3.6780    0.0600    0.1000    0.0500
    0.1599    0.0552       NaN    3.0070    0.0630    0.1000    0.0780
    0.1621    0.0577       NaN    2.8000    0.0600    0.0870    0.0780
    0.1712    0.0722       NaN    1.6090    0.0960    0.0720    0.0630
    0.1621    0.0483       NaN    3.0590    0.0750    0.1000    0.0600
    0.1653    0.0627       NaN    4.3110    0.0720    0.0920    0.0600
    0.1800    0.0583       NaN    3.9210       NaN    0.0660    0.0660
txt =
  10×4 cell 数组
    '09040101'    ''    ''    '营养不良'
    '09040102'    ''    ''    '超重'
    '09040103'    ''    ''    '较低体重'
    '09040104'    ''    ''    '营养不良'
    '09040105'    ''    ''    '正常体重'
    '09040106'    ''    ''    '正常体重'
    '09040107'    ''    ''    '肥胖'
    '09040108'    ''    ''    '较低体重'
    '09040109'    ''    ''    '正常体重'
    '09040110'    ''    ''    '较低体重'
```

（2）excel 文件的导出

命令形式：[status,message]=xlswrite(filename,M,sheet)

功能：导出数据矩阵至 excel 文件。

说明：filename 为文件名，扩展名一般为 xls，是可选项；***M*** 为导出的数据矩阵；sheet 为 excel 工作表名，是可选项；status 反映写操作完成的情况，若成功完成，则 status 返回 1，否则，status 返回 0；message 包含了写操作过程中生成的警告或者错误信息，是可选项。

【例 2-29】生成一个 10 × 10 的随机数矩阵，然后写入 excel 文件中；定义一个元胞数组，将它写入 excel 文件中；观察运行效果。

✪Matlab 程序

```
x1=rand(10); [s1,t1]=xlswrite('examp2_29_1.xls',x1,2)
x2=[1.6,6,601,'陈明',45;2.3,7,602,'王珊',88];
[s2,t2]=xlswrite('examp2_29_2.xls', x2,3)
```

✪程序运行结果

```
s1 =
  logical
   1
t1 =
  包含以下字段的 struct:
       message: '已添加指定的工作表。'
    identifier: 'MATLAB:xlswrite:AddSheet'
s2 =
  logical
   1
t2 =
  包含以下字段的 struct:
       message: '已添加指定的工作表。'
    identifier: 'MATLAB:xlswrite:AddSheet'
```

同时，当前文件夹多了两个分别以 examp2_29_1.xls 和 examp2_29_2.xls 命名的文件。

第3章

Matlab图形绘制

数据可视化是对数据的一种形象直观地解释，从不同维度观察数据，从而更有效率地得到有价值的信息。强大的图形绘制与数据可视化功能是 Matlab 的一大特色，Matlab 提供了一系列的绘图函数，用户不需要过多地考虑绘图的细节，只需要给出一些基本参数就能得到所需图形。本章内容包括二维基本图形绘制、二维特殊图形绘制、常用绘图命令、三维基本图形绘制及三维特殊图形绘制。

3.1 二维基本图形绘制

二维图形是数值计算中广泛应用的图形方式之一，二维图形的绘制是 Matlab 语言图形处理的基础。plot 函数是 Maltab 中最核心和最基本的二维绘图命令，其常用的几种命令形式如下：

（1）命令形式 1：plot(Y)

功能：绘制一条或多条曲线图。

说明：若 ***Y*** 为向量，则绘制的图形以向量索引为横坐标值、以向量元素为纵坐标值；若 ***Y*** 为矩阵，则绘制 ***Y*** 的列向量对其行坐标索引的图形。

适用范围：仅有一个输入变量的二维图形绘制。

【例 3-1】 plot(*Y*)用法示例。

✪Matlab 程序

```
y1=[1,5,4,8,10,2];plot(y1)
```

✪程序运行结果

程序绘制的图形如图 3-1 所示。

✪Matlab 程序

```
y2= rand(3,4);plot(y2)
```

✪程序运行结果

程序绘制的图形如图 3-2 所示。

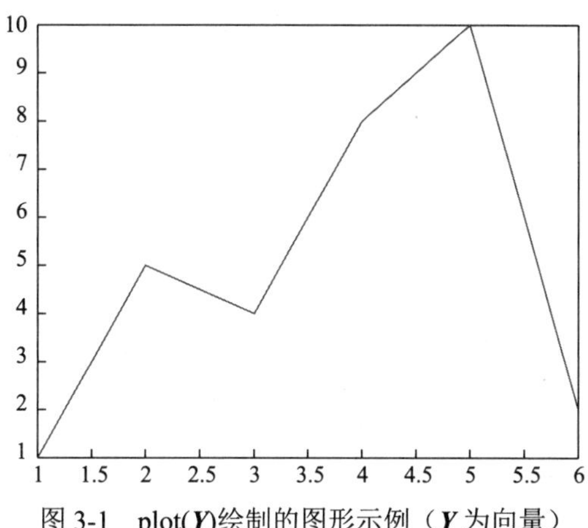

图 3-1 plot(*Y*)绘制的图形示例（*Y* 为向量）

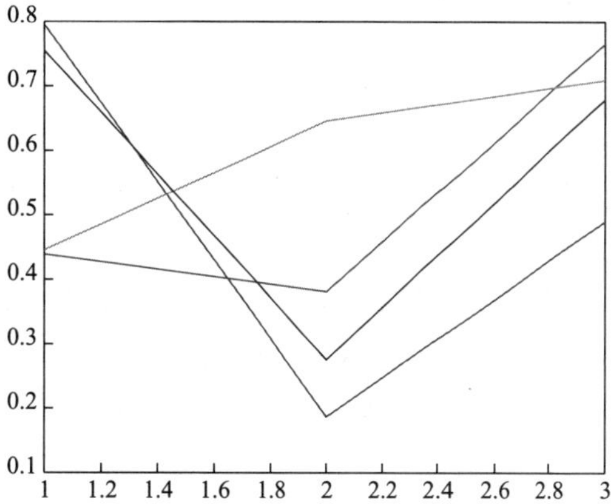

图 3-2 plot(*Y*)绘制的图形示例（*Y* 为矩阵）

（2）命令形式 2：plot(X,Y)

功能：绘制一条或多条曲线图。

说明：若 ***X***、***Y*** 为相同长度的一维向量，则绘制向量 ***Y*** 对向量 ***X*** 的图形；若 ***X*** 为一维向量，***Y*** 为在某一方向和 ***X*** 具有相同长度的二维矩阵时，则绘制矩阵行向量或列向量对向量 ***X*** 的图形；若 ***X*** 和 ***Y*** 为同阶的二维矩阵，则绘制矩阵的对应列向量图形。

适用范围：有两个输入变量的二维图形绘制。

【例 3-2】 plot(X,Y)用法示例。

✪Matlab 程序

```
x1=1:10; y1=2*x1.^2+1;plot(x1,y1)
```

✪程序运行结果

程序绘制的图形如图 3-3 所示。

✪Matlab 程序

```
x2=1:5; y2=20*rand(5,3);plot(x2,y2)
```

✪程序运行结果

程序绘制的图形如图 3-4 所示。

✪Matlab 程序

```
x3=rand(3,5);y3=10*rand(3,5);plot(x3,y3)
```

✪程序运行结果

程序绘制的图形如图 3-5 所示。

X、***Y*** 为相同长度的一维向量时进行二维图形绘制是最为常见的情况，需要熟练掌握。下面再看几个相关的示例。

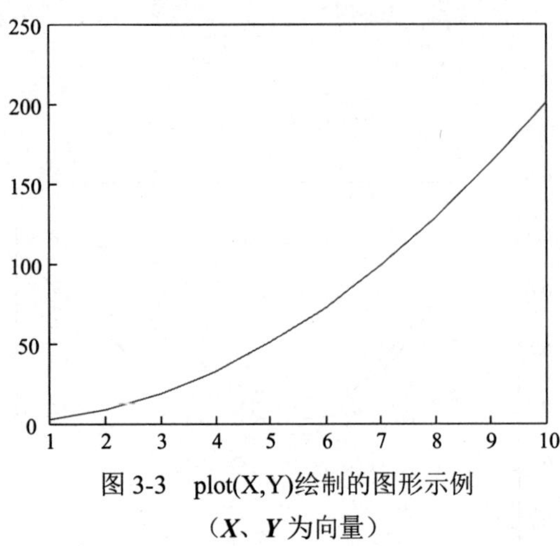

图 3-3 plot(X,Y)绘制的图形示例
（*X*、*Y* 为向量）

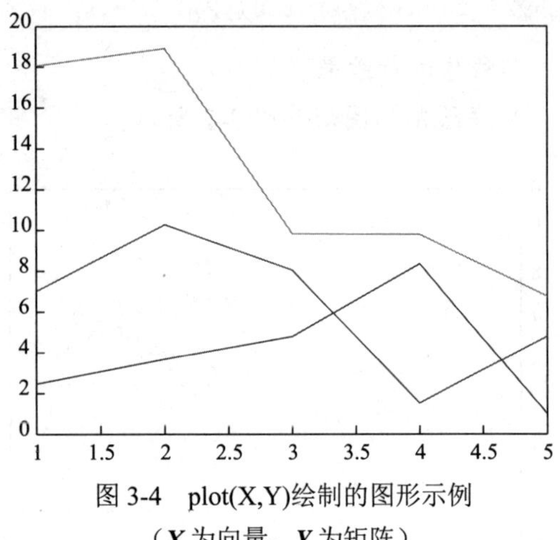

图 3-4 plot(X,Y)绘制的图形示例
（*X* 为向量，*Y* 为矩阵）

【例 3-3】绘制函数 $\frac{2}{3}\mathrm{e}^{-x}\sin(5x)$ 在 $[0,5]$ 的图形。

✪Matlab 程序

```
x=0:0.1:5; y=2/3*exp(-x).*sin(5*x);plot(x,y)
```

✪程序运行结果

程序绘制的图形如图 3-6 所示。

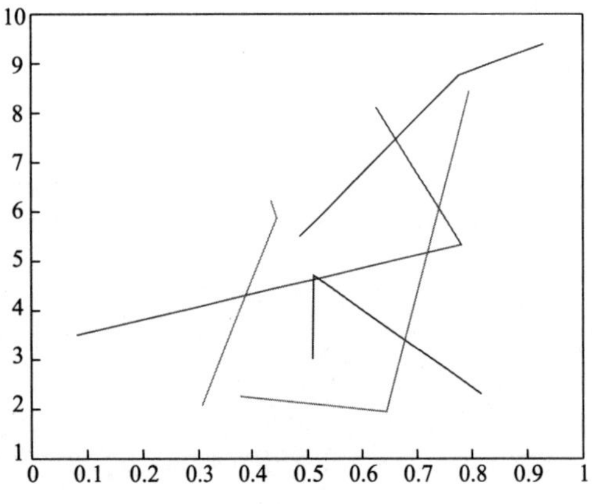

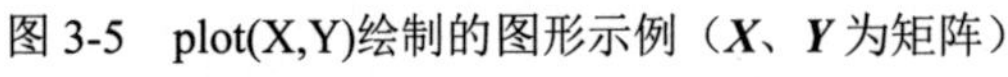
图 3-5 plot(X,Y)绘制的图形示例（*X*、*Y* 为矩阵）

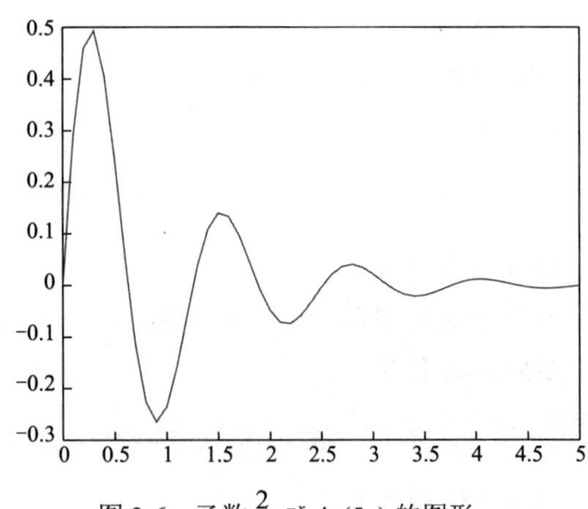

图 3-6 函数 $\frac{2}{3}\mathrm{e}^{-x}\sin(5x)$ 的图形

【例 3-4】绘制函数 $\sin x^2$ 在 $[-2\pi,2\pi]$ 的图形。

✪Matlab 程序

```
x=-2*pi:pi/50:2*pi; y=sin(x.^2);plot(x,y)
```

✪程序运行结果

程序绘制的图形如图 3-7 所示。

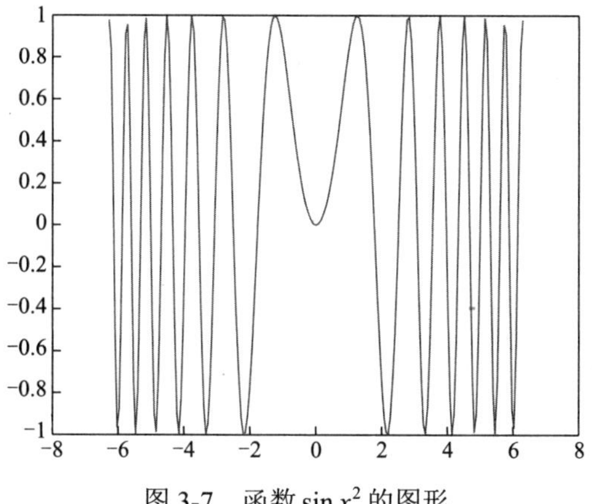

图 3-7 函数 $\sin x^2$ 的图形

【例 3-5】绘制椭圆 $\frac{x^2}{5^2}+\frac{y^2}{3^2}=1$ 的图形。

✪解析

将该椭圆方程写成如下的参数方程:

$$\begin{cases} x = 5\cos t \\ y = 3\sin t \end{cases} \quad (0 \leqslant t \leqslant 2\pi)$$

✪Matlab 程序

```
t=0:pi/50:2*pi; x=5*cos(t); y=3*sin(t);plot(x,y)
```

✪程序运行结果

程序绘制的图形如图 3-8 所示。

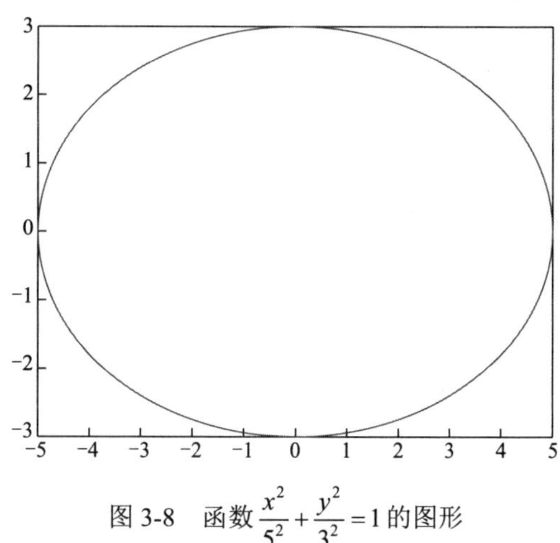

图 3-8 函数 $\frac{x^2}{5^2}+\frac{y^2}{3^2}=1$ 的图形

（3）命令形式 3：plot(X1,Y1, X2,Y2,⋯,Xn,Yn)

功能：在同一图形窗口绘制多条曲线图。

说明：对多组变量同时进行绘图，对于每一组变量，其意义与上述 plot(X,Y)命令中的意义相同。

适用范围：有两组及以上输入变量的二维图形绘制。

【例 3-6】当 $x\in[0,2\pi]$ 时，在同一图形窗口中分别绘制函数 $\sin x$ 、$\cos(2x)$ 、$\sin\left(x-\dfrac{\pi}{4}\right)$ 、$\cos\left(2x+\dfrac{\pi}{3}\right)$ 的二维图形。

✪Matlab 程序

```
x=0:pi/50:2*pi; y1=sin(x); y2=cos(2*x); y3=sin(x-pi/4); y4=cos(2*x+pi/3);
plot(x,y1,x,y2,x,y3,x,y4)
```

✪程序运行结果

程序绘制的图形如图 3-9 所示。

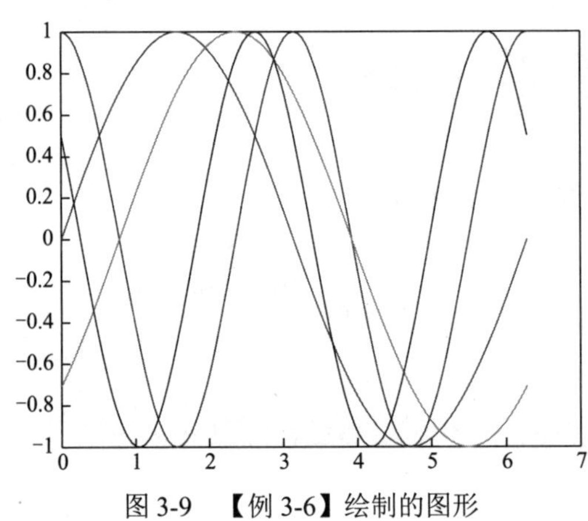

图 3-9 【例 3-6】绘制的图形

3.2 二维特殊图形绘制

除了常见的二维图形外，Matlab 还提供了多种特殊的二维图形绘制命令。特殊的二维图形是为实现特定功能设计的，方便在一些特殊场合下使用。

3.2.1 二维统计图

为满足用户的各种需求，Matlab 提供了很多二维统计图形的绘制命令，其中常用的一些绘制命令如表 3-1 所示。

表 3-1 常用的二维统计图绘制命令

命令	功能	命令	功能
area	面域图	stem	二维杆图
bar	直方图	hist	频数直方图
pie	二维饼图	fill	二维填充图
stairs	阶梯图	scatter	二维散点图

【例 3-7】绘制二维统计图的示例。

✪Matlab 程序

```
subplot(2,2,1)
Y1=[75,91,105,123.5,131,150,179,203,226,249,281.5];bar(Y1)
subplot(2,2,2)
Y2=[1,3,0.5,2.5,2];pie(Y2)
subplot(2,2,3)
x3=linspace(0,pi,40);Y3=cos(x3)+rand(1,40); scatter(x3,Y3)
subplot(2,2,4)
x4=linspace(0,2*pi,50);Y4=0.5*sin(x4);stem(Y4)
```

✪程序运行结果

程序绘制的图形如图 3-10 所示。

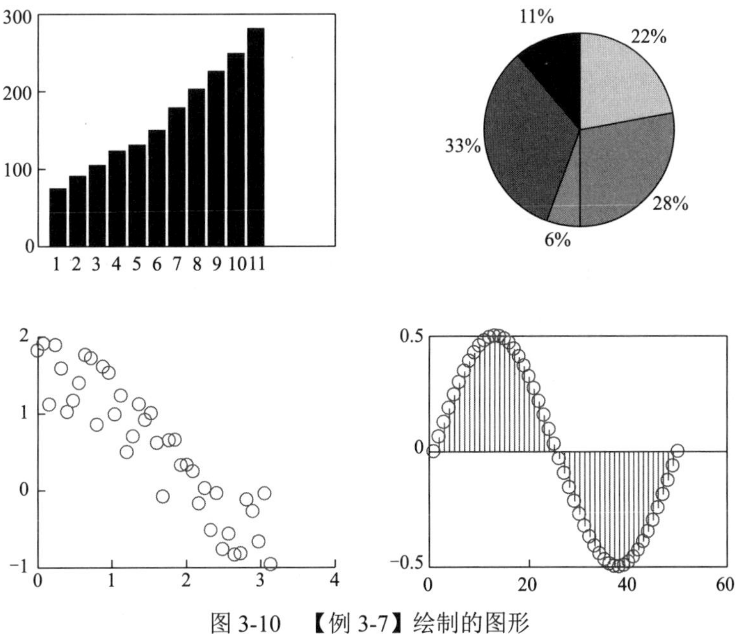

图 3-10 【例 3-7】绘制的图形

3.2.2 二维矢量图

（1）罗盘图

命令形式：compass(X,Y)

功能：绘制罗盘图（起点为坐标原点的向量箭头图形）。

说明：一般情况下 $\boldsymbol{X}$ 与 $\boldsymbol{Y}$ 为元素个数均为 n 的向量，绘制出的罗盘图显示 n 个箭头，箭头的起点为原点，箭头的位置为[$\boldsymbol{X}(i),\boldsymbol{Y}(i)$]。

【例 3-8】绘制函数 $\begin{cases} x=(1+t)\cos t \\ y=(1+t)\sin t \end{cases} \quad \left(0\leqslant t\leqslant\dfrac{11}{6}\pi\right)$ 描述的罗盘图。

✪Matlab 程序

```
t=0:pi/6:11/6*pi;x=(1+t).*cos(t);y=(1+t).*sin(t);
compass(x,y)
```

✪程序运行结果

程序绘制的图形如图 3-11 所示。

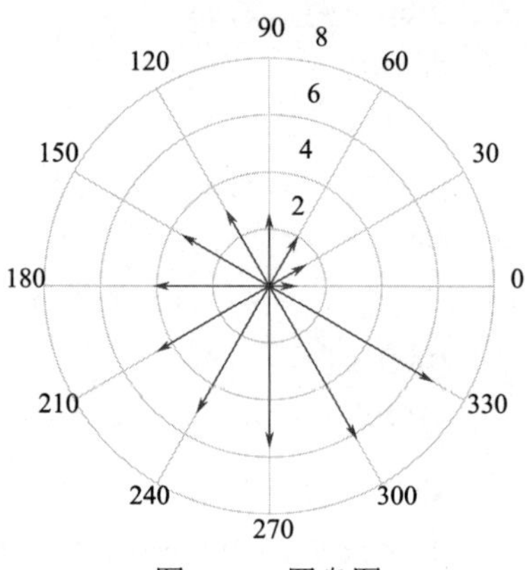

图 3-11　罗盘图

（2）羽毛图

命令形式：feather(X,Y)

功能：绘制羽毛图（从横坐标等分点发射出来的箭头图形）。

【例 3-9】绘制函数 $y=\sin x(2\leqslant x\leqslant 3)$ 描述的羽毛图。

✪Matlab 程序

```
x=2:0.1:3;y=sin(x);
feather(x,y),grid on
```

✪程序运行结果

程序绘制的图形如图 3-12 所示。

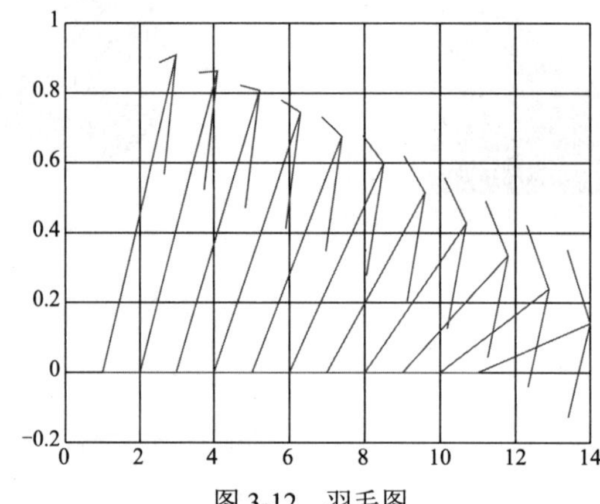

图 3-12　羽毛图

（3）二维箭头图

命令形式：quiver (X,Y,U,V)

功能：绘制二维箭头图［在点（***X,Y***）处绘制（***U,V***）所定义的向量箭头］。

说明：***X***，***Y***，***U***，***V*** 必须是维度和元素数都一样的矩阵；如果是一维向量的话，***X***，***Y***，***U***，***V*** 的元素个数必须一致；quiver 函数会自动调整箭头的长度以适应显示。

【例 3-10】绘制函数 $\begin{cases}x=(1+t)\cos t\\ y=(1+t)\sin t\end{cases}\quad \left(0\leqslant t\leqslant \dfrac{11}{6}\pi\right)$ 描述的沿数据点切线方向的二维箭头图。

✪Matlab 程序

```
t=0:pi/6:11/6*pi;x=(1+t).*cos(t);y=(1+t).*sin(t);
u=gradient(x); v=gradient(y); %求 x 和 y 向量的梯度
quiver(x,y,u,v),grid on
```

✪程序运行结果

程序绘制的图形如图 3-13 所示。

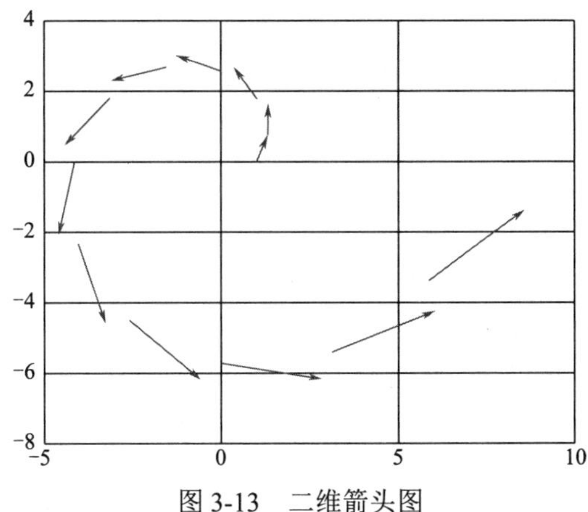

图 3-13　二维箭头图

3.2.3　特殊坐标系下的二维图形

在实际应用中，除了常用的笛卡尔坐标系外，也会涉及其他特殊坐标系下的图形绘制，下面介绍几个工程计算中常用的特殊坐标系下的绘图命令。

（1）极坐标系

命令形式：polar(theta,radius)

功能：绘制极坐标图形。

说明：theta 为极坐标图形的极角，radius 为极坐标图形的极径。

适用范围：用极坐标更容易表达的图形。

【例 3-11】使用极坐标命令绘制 $r=\left|2\times\cos\left(2\times\left(t-\dfrac{\pi}{8}\right)\right)\right|\ (0\leqslant t\leqslant 2\pi)$。

✪Matlab 程序

```
t=0:0.01:2*pi;r=abs(2*cos(2*(t-pi/8)));
polar(t,r)
```

✪程序运行结果

程序绘制的图形如图 3-14 所示。

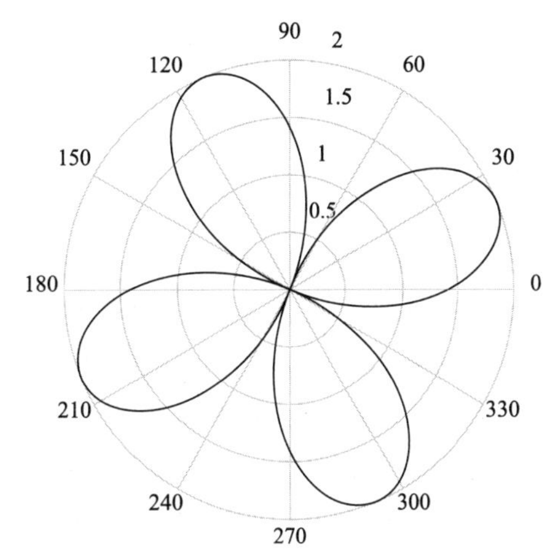

图 3-14　极坐标图形

（2）对数坐标系

① x 轴半对数坐标系

命令形式：semilogx(x,y)

功能：绘制 x 轴半对数坐标图形。

说明：横轴取以 10 为底的对数坐标，纵轴为线性坐标。

适用范围：横轴的增长速度快，纵轴的增长速度慢。

② y 轴半对数坐标系

命令形式：semilogy(x,y)

功能：绘制 y 轴半对数坐标图形。

说明：纵轴取以 10 为底的对数坐标，横轴为线性坐标。

适用范围：纵轴的增长速度快，横轴的增长速度慢。

③ 双对数坐标系

命令形式：loglog(x,y)

功能：绘制双对数坐标图形。

说明：横、纵轴都取以 10 为底的对数坐标。

适用范围：横轴和纵轴的增长速度都比较快。

【例 3-12】绘制对数坐标图形的示例。

✪Matlab 程序

```
x1=0:10000; y1=log(x1);
subplot(3,1,1),semilogx(x1,y1),grid on,title('semilogx 命令')
x2=1:0.1:10;y2=10.^x2;
subplot(3,1,2),semilogy(x2,y2),grid on,title('semilogy 命令')
x3=logspace(-1,2,50);y3=2.^x3;
subplot(3,1,3),loglog(x3,y3),grid on,title('loglog 命令')
```

✪程序运行结果

程序绘制的图形如图 3-15 所示。

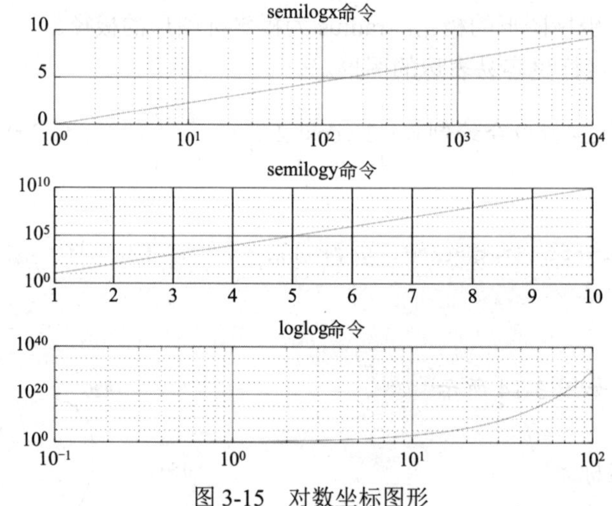

图 3-15 对数坐标图形

（3）双 y 轴坐标系

命令形式：plotyy(x1,y1,x2,y2)

功能：以左、右不同 y 轴绘制 x1-y1、x2-y2 两条曲线。

说明：在 plotyy 命令生成的图形中，legend 命令不能正常执行；使用 text 命令加注标识文字的位置是根据左 y 轴决定的；xlabel 命令可以正常使用，但 ylabel 命令仅能标注左 y 轴；如果希望标注右 y 轴的话，则需要使用较复杂的句柄操作。

适用范围：把同一自变量的两个不同量纲、不同数量级的函数量的变化绘制在同一张图上。

【例 3-13】在同一张图上绘制下列函数曲线：

$$\begin{cases} x(t)=\sin t \\ y(t)=0.01\cos t \end{cases} \quad 0 \leqslant t \leqslant 10$$

✪Matlab 程序

```
t=0:0.1:10;x=sin(t);y=0.01*cos(t);
plotyy(t,x,t,y),grid on
```

✪程序运行结果

程序绘制的图形如图 3-16 所示。

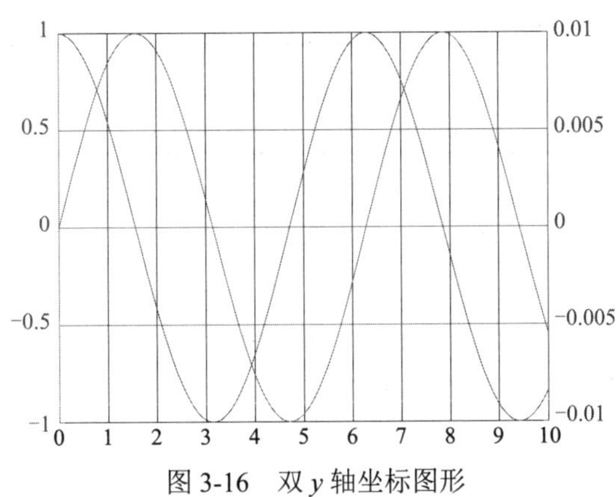

图 3-16　双 y 轴坐标图形

3.3 常用绘图命令

Matlab 对图形风格的控制比较完备友善。一方面，在最通用的层面上，它采用了一系列考虑周全的默认设置，因此在绘制图形时，无须人工干预，就能根据所给数据自动地确定坐标取向、范围、刻度、高宽比，并给出相当令人满意的画面；另一方面，在适应用户的层面上，它又给出了一系列便于使用的指令，可以让用户根据需要和喜好去修改那些默认设置。

3.3.1 图形修饰命令

命令形式：plot(x,y,'s')

功能：修饰（修改）图形对象的颜色、线型和数据点。

说明：x，y 为长度相同的一维数组，分别用来指定采样点的横坐标和纵坐标；'s'为控制字符（命令），用来修饰颜色、（连续）线型和（离散）数据点。

常见的颜色、线型和数据点控制字符如表 3-2、表 3-3 和表 3-4 所示。

表 3-2 颜色控制字符

字符	颜色	字符	颜色
b	蓝色	m	紫红色
c	青色	r	红色
g	绿色	w	白色
k	黑色	y	黄色

表 3-3 线型控制字符

字符	线型	字符	线型
-	实线（默认）	:	点线
-.	点画线	--	虚线

表 3-4 数据点控制字符

字符	数据点	字符	数据点
.	实心黑点	d	菱角符
+	十字符	h	六角星符
*	八线符	o	空心圆圈
^	朝上三角符	p	五角星符
<	朝左三角符	s	方块符
>	朝右三角符	x	叉字符
v	朝下三角符		

【例 3-14】图形修饰命令的示例。

✪Matlab 程序

```
x=0:pi/50:2*pi;y1=sin(x);y2=sin(2*x);y3=cos(x);y4=cos(2*x);y5=sin(2*x).*cos(2*x);
plot(x,y1,'yo'),hold on,plot(x,y2,'mx'),plot(x,y3,'c+'),plot(x,y4,'r-.',x,y5, 'g--')
```

✪程序运行结果

程序绘制的图形如图 3-17 所示。

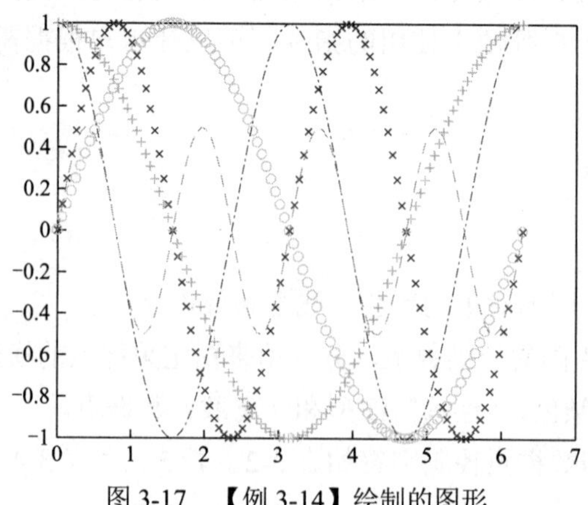

图 3-17 【例 3-14】绘制的图形

3.3.2 图形标注命令

Matlab 中提供了一些常用的图形标注命令，利用这些命令可以为图形添加标题，为坐标轴添加名称，在特定位置添加注释文本，为不同的图形添加图例。

（1）标题标注命令 title

命令形式：title('s')

功能：在当前图形的顶端标注文字内容（作为图形标题）。

（2）坐标轴标注命令 xlabel，ylabel

命令形式 1：xlabel ('s')

功能：在当前图形的 x 轴旁边标注文字内容。

命令形式 2：ylabel ('s')

功能：在当前图形的 y 轴旁边标注文字内容。

（3）文字标注命令 text，gtext

命令形式 1：text (x,y,'s')

功能：在坐标点(x,y)处标注文字内容。

命令形式 2：gtext ('s')

功能：在鼠标指定位置处标注文字内容。

（4）图例标注命令 legend

命令形式：legend('s1','s2',…)

功能：对当前图形按照绘制顺序进行图例标注。

Matlab 绘制图形时，经常需要添加一些特殊的字符如希腊字母等，用户并不能直接从键盘上输入。为此，Matlab 提供了特殊字符的表示方法，如表 3-5 所示。

表 3-5 部分特殊字符的表示方法

字符	表示方法	字符	表示方法	字符	表示方法
α	\alpha	φ	\phi	ξ	\xi
β	\beta	ϕ	\Phi	ζ	\zeta
γ	\gamma	σ	\sigma	ω	\ommiga
θ	\theta	τ	\tau	Ω	\Ommiga
ε	\epsilong	δ	\delta	℃	\circC
ρ	\rho	Δ	\ Delta	s 下标	_{s}
π	\pi	μ	\miu	s 上标	^{s}

【例 3-15】已知科学家连续 20 年在某海域观察到海平面的平均海拔高度如表 3-6 所示，由表中数据绘制出二维数据点图，并画出其折线图。

表 3-6 海拔高度统计表

年份	1	2	3	4	5	6	7	8	9	10	11	12	13	14	15	16	17	18	19	20
海拔/m	5	11	16	23	36	58	29	20	10	8	3	0	0	2	11	27	47	63	60	39

✪Matlab 程序

```
x=1:20;y=[5,11,16,23,36,58,29,20,10,8,3,0,0,2,11,27,47,63,60,39];
plot(x,y,'rp',x,y, 'k-'),title('年份-海拔图'),xlabel('年份'),ylabel('海拔')
text(18,63,'最高海拔'),legend('点图', '折线图')
```

✪程序运行结果

程序绘制的图形如图 3-18 所示。

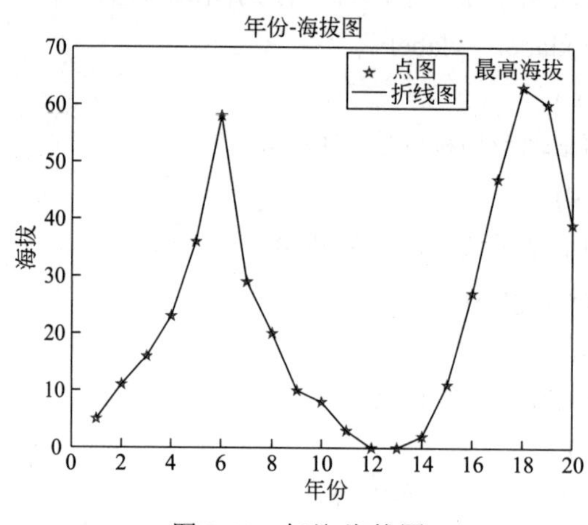

图 3-18 年份-海拔图

【例 3-16】绘制函数 $\beta = e^{\sin\alpha}$ $(0 \leqslant \alpha \leqslant 2\pi)$ 的图形，据实标注坐标轴及标题，并在图形对应位置标注出 $\alpha = \pi$ 和 $\alpha = 2\pi$。

✪Matlab 程序

```
a=0:pi/50:2*pi;b=exp(sin(a));
plot(a,b),title('e^{sin\alpha}'),xlabel('\alpha'),ylabel('\beta')
text(pi,exp(sin(pi)),'\alpha=\pi'),text(2*pi,exp(sin(2*pi)),'\alpha=2\pi')
```

✪程序运行结果

程序绘制的图形如图 3-19 所示。

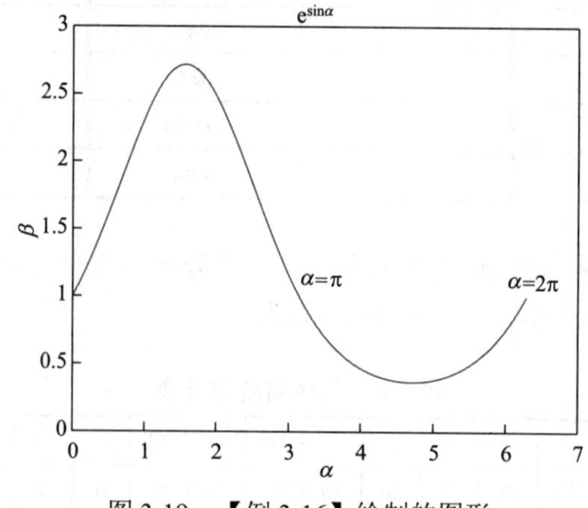

图 3-19 【例 3-16】绘制的图形

3.3.3 图形属性设置命令

命令形式：plot(x,y,'s1',s2)

功能：设置图形对象的属性。

说明：*x*、*y* 为长度相同的一维数组，分别用来指定采样点的横坐标和纵坐标；'*s*1'为图形对象的属性名称，*s*2 为设置的属性值。

Matlab 中每个绘图对象都有对应的属性，用户可以通过图形属性设置命令修改绘图对象的相关属性。绘图对象的部分属性如表 3-7 所示。

表 3-7 绘图对象的属性

属性	意义	说明
fontname	字体的名称	如“隶书”、“宋体”、“Times New Roman”等
fontsize	字体的大小	以 pt 为单位，属性值应为实数
fontweight	字体是否加黑	选项包括：'light'、'normal'（默认值）、'demi'和'bold'，颜色逐渐变黑
linewidth	线宽	以 pt 为单位，属性值应为实数
markersize	数据点大小	以 pt 为单位，属性值应为实数

【例 3-17】图形属性设置命令的示例。

✪Matlab 程序

```
x=0:pi/50:2*pi;y1=sin(x).^2;y2=sin(x).*cos(x);
plot(x,y1,'b-','linewidth',2),hold on
plot(x,y2,'m*','markersize',6),title('两个函数曲线图','fontname','隶书')
xlabel('x 轴','fontsize',15),ylabel('y 轴','fontsize',15)
```

✪程序运行结果

程序绘制的图形如图 3-20 所示。

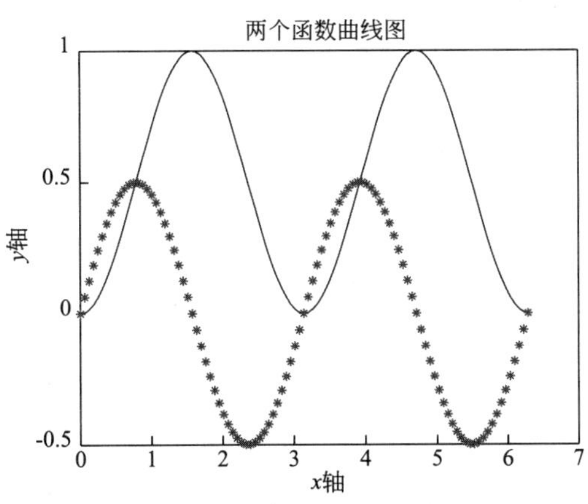

图 3-20 【例 3-17】绘制的图形

3.3.4 图形窗口控制命令

（1）图形的重叠绘制

当采用 plot 命令绘制曲线时，首先将当前图形窗口清屏然后再绘图，所以用户只能看到最后一条 plot 命令绘制的图形。在实际应用中，常常会遇到在已经存在图形的图形窗口中继续绘制一条或多条曲线的情况。为此，Matlab 提供了如下的图形重叠绘制及相关命令形式。

① 命令形式 1：hold on

功能：保持当前图形及坐标轴特性，使此后绘制的图形叠放在当前图形上。

② 命令形式 2：hold off

功能：解除 hold on 命令，恢复缺省状态。

③ 命令形式 3：hold

功能：在 hold on 与 hold off 之间进行切换。

【例 3-18】在同一张图上分别绘制函数曲线 $y_1(t)=\sin t$ 和 $y_2(t)=2\cos t$，其中 $0\leqslant t\leqslant 10$。

✪Matlab 程序

```
t=0:0.1:10;y1=sin(t);y2=2*cos(t);
plot(t,y1,'k:'),hold on,plot(t,y2,'r-'),legend('sint','2cost')
```

✪程序运行结果

程序绘制的图形如图 3-21 所示。

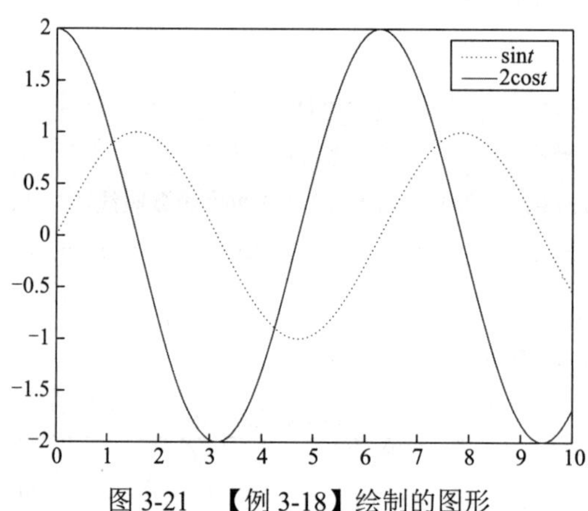

图 3-21　【例 3-18】绘制的图形

（2）图形窗口的创建、清除和关闭

Matlab 的所有图形都显示在特定的窗口中，称为图形窗口(figure)。图形窗口的创建、清除和关闭的控制命令形式分别如下。

①命令形式：figure(n)

功能：创建（或打开）第 n 个图形窗口，并将其作为当前图形窗口。

②命令形式：clf

功能：清除当前图形窗口中的内容，以便重新绘图时不发生混淆。

③命令形式：close(n)

功能：关闭第 n 个图形窗口。

【例 3-19】在第 1 个图形窗口上绘制函数曲线 $y_1(t)=\sin t+\sin(3t)$，然后清除该窗口上的图形后绘制函数曲线 $y_2(t)=y_1(t)+\sin(5t)$，在第 2 个图形窗口上绘制函数曲线 $y_3(t)=y_2(t)+\sin(7t)$，然后关闭两个图形窗口。

✪Matlab 程序

```
t=-10:0.1:10;y1=sin(t)+sin(3*t);y2=y1+sin(5*t);y3=y2+sin(7*t);
figure(1),plot(t,y1,'k-')
clf,plot(t,y2,'r--')
figure(2),plot(t,y3,'b-.')
close(1),close(2)
```

✪程序运行结果

程序先后绘制的图形如图 3-22、图 3-23 和图 3-24 所示。

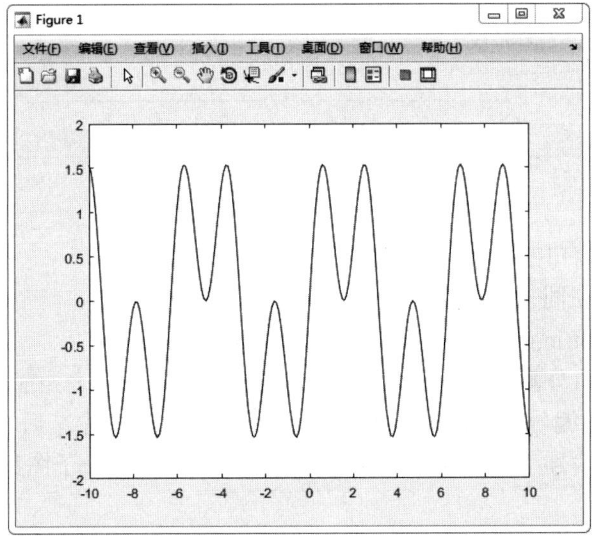

图 3-22　第 1 个图形窗口第一次绘制的图形

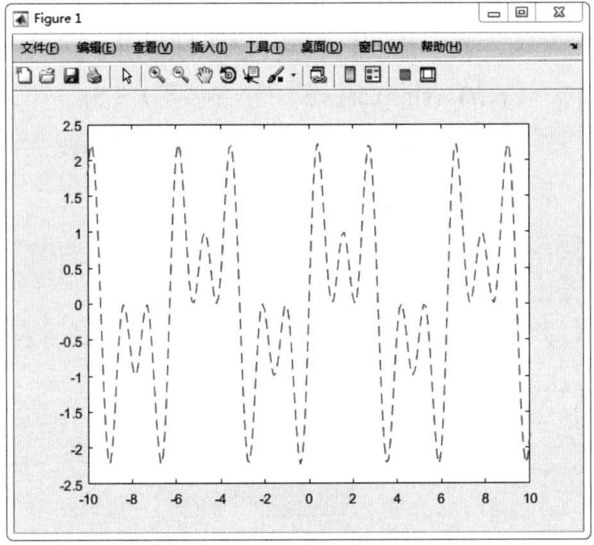

图 3-23　第 1 个图形窗口第二次绘制的图形

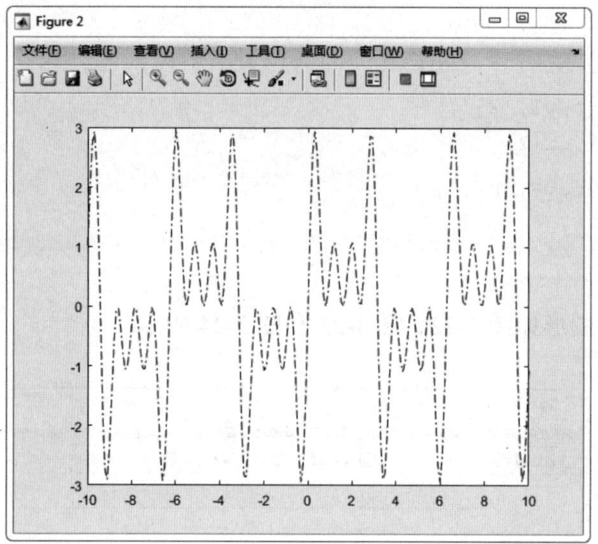

图 3-24 第 2 个图形窗口绘制的图形

（3）多子图图形窗口的分割

Matlab 允许用户在同一个图形窗中布置多个独立的子图。

命令形式：subplot(m,n,i)

功能：把图形窗口分割成 $m \times n$ 个子图，并将第 i 个子图作为当前图形窗口。

说明：i 是子图的编号，子图的编号原则是："先上后下，先左后右"，左上方为第 1 个子图，向右向下依次编号；产生的子图彼此之间独立，允许每个子图都可以以不同的坐标系单独绘图。

【例 3-20】 在同一图形窗口中以多子图形式分别绘制下列函数曲线：

$$y_1(t) = \sin(2t) \times e^{-2t} \qquad (0 \leqslant t \leqslant 10)$$

$$y_2(t) = \sin t \times e^{-t} \qquad (0 \leqslant t \leqslant 10)$$

$$y_3(t) = \sin(0.5t) \times e^{-0.5t} \qquad (-5 \leqslant t \leqslant 5)$$

$$y_3(t) = \sin(0.25t) \times e^{-0.25t} \qquad (-5 \leqslant t \leqslant 5)$$

✪Matlab 程序

```
t1=0:0.1:10;t2=-5:0.1:5;
y1=sin(2*t1).*exp(-2*t1);y2=sin(t1).*exp(-t1);
y3=sin(0.5*t2).*exp(-0.5*t2);y4=sin(0.25*t2).*exp(-0.25*t2);
subplot(2,2,1),plot(t1,y1,'k-'),title('y_{1}')
subplot(2,2,2),plot(t1,y2,'r-'),title('y_{2}')
subplot(2,2,3),plot(t2,y3,'b-'),title('y_{3}')
subplot(2,2,4),plot(t2,y4,'m-'),title('y_{4}')
```

✪程序运行结果

程序绘制的图形如图 3-25 所示。

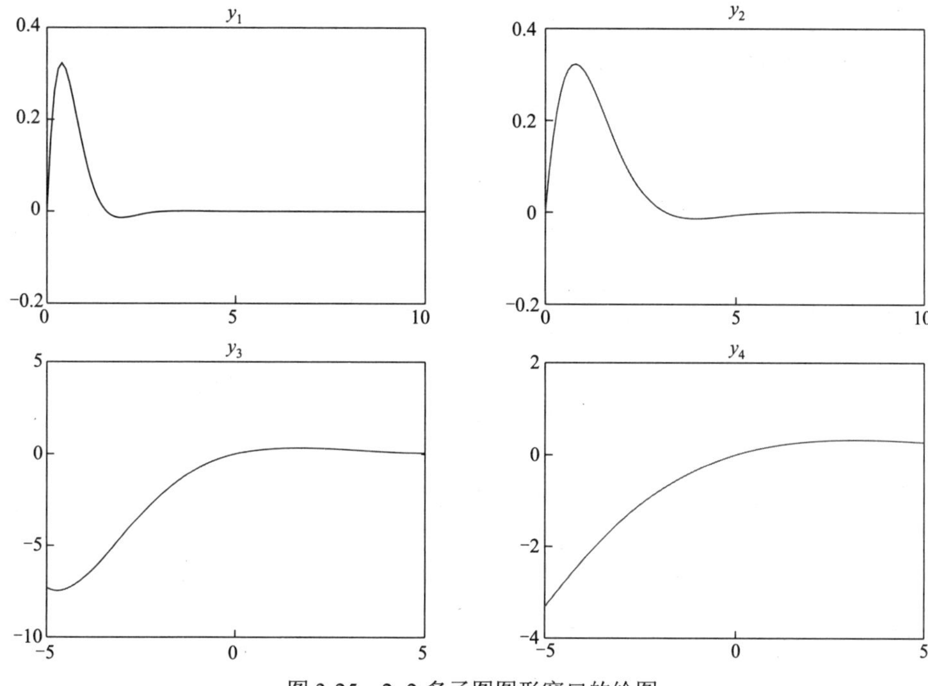

图 3-25 2×2 多子图图形窗口的绘图

3.3.5 网格线和边框设置命令

(1）网格线设置

① 命令形式 1：grid on

功能：显示轴网格线。

② 命令形式 2：grid off

功能：隐藏轴网格线。

③ 命令形式 3：grid

功能：在 grid on 与 grid off 之间进行切换。

(2）边框设置

① 命令形式 1：box on

功能：显示轴边框线。

② 命令形式 2：box off

功能：隐藏轴边框线。

③ 命令形式 3：box

功能：在 box on 与 box off 之间进行切换。

【例 3-21】网格线和边框设置命令的示例。

✪Matlab 程序

```
t=0:0.05:10;y=exp(-0.3*t).*sin(9*t);
subplot(3,1,1),plot(t,y)
subplot(3,1,2),plot(t,y),grid on
subplot(3,1,3),plot(t,y),box off
```

✪程序运行结果

程序绘制的图形如图 3-26 所示。

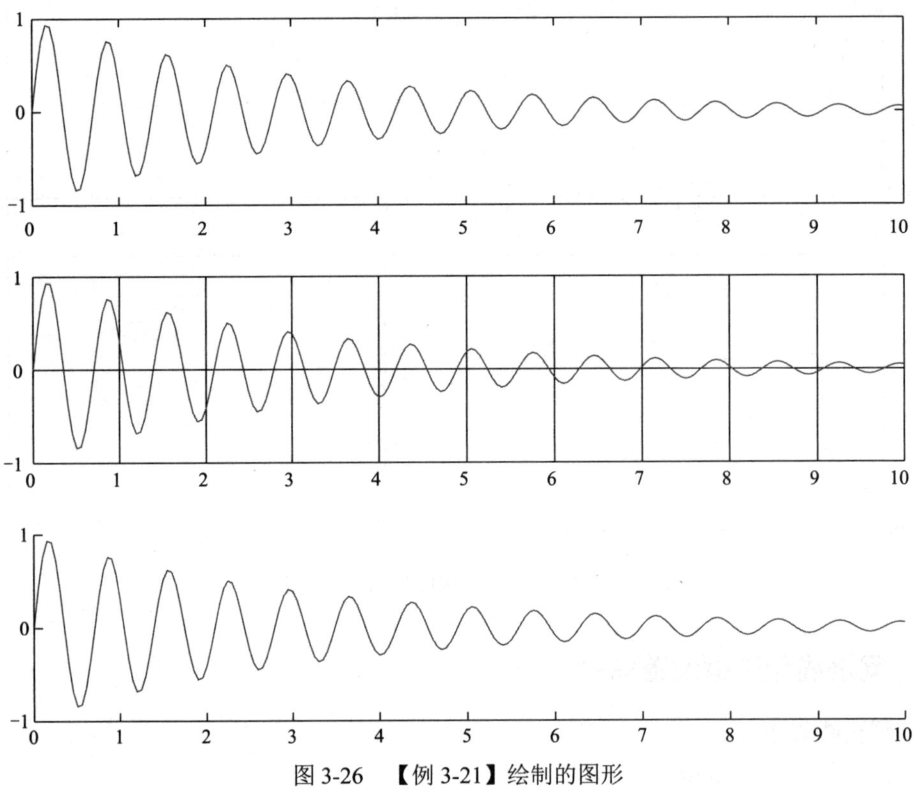

图 3-26 【例 3-21】绘制的图形

3.3.6 坐标轴控制命令

绘制图形时，由于 Matlab 自动选择坐标刻度，一般情况下用户不必选择坐标轴的刻度范围。但是如果用户对坐标系不满意，还可以利用 axis 函数进行重新设定。

命令形式：axis([xmin xmax ymin ymax])

功能：设定二维图形坐标轴的范围为 $x_{min} \leqslant x \leqslant x_{max}$， $y_{min} \leqslant y \leqslant y_{max}$。

说明：x_{min}、x_{max}、y_{min} 和 y_{max} 之间是用空格分隔的，也可以用逗号分隔；如果增加 z 轴的取值范围，同样可以用于三维坐标系。

axis 函数的功能十分丰富，其他常用的命令形式如表 3-8 所示。

表 3-8 axis 的其他常用命令形式

命令形式	功能
axis equal	横坐标和纵坐标采用等长刻度
axis square	采用正方形坐标系
axis normal	默认矩形坐标系
axis auto	使用默认设置
axis off	取消坐标轴
axis on	显示坐标轴

【例 3-22】坐标轴控制命令的示例。

✪Matlab 程序

```
t=0:pi/50:2*pi;x=5*cos(t);y=7*sin(t);
subplot(2,2,1),plot(x,y),grid on,axis auto,title('axis auto')
subplot(2,2,2),plot(x,y),grid on,axis([-5 5 -7 7]),title('axis([-5 5 -7 7])')
subplot(2,2,3),plot(x,y),grid on,axis equal,title('axis equal')
subplot(2,2,4),plot(x,y),grid on,axis square,title('square')
```

✪程序运行结果

程序绘制的图形如图 3-27 所示。

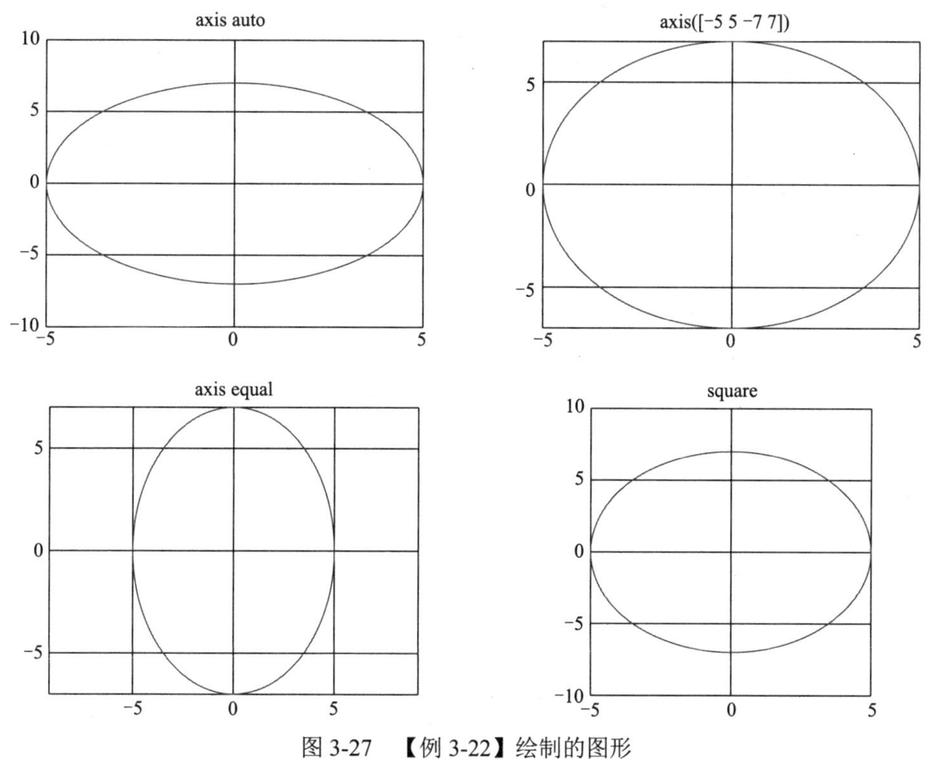

图 3-27 【例 3-22】绘制的图形

3.4 三维基本图形绘制

三维基本图形包括三维曲线图和三维曲面图。三维曲线图由命令 plot3 实现，三维曲面图由命令 mesh 和 surf 实现。

3.4.1 三维曲线图

（1）命令形式 1：plot3(x,y,z)

功能：绘制三维空间曲线。

说明：一般情况下 $\boldsymbol{x}$、$\boldsymbol{y}$、$\boldsymbol{z}$ 为相同长度的一维向量，则绘制一条以向量 $\boldsymbol{x}$、$\boldsymbol{y}$、$\boldsymbol{z}$ 为 x、y、z 轴坐标值的空间曲线；采用 plot3(x,y,z,'s')可用来修饰三维图形（曲线）对象的颜色、线型和数据点。

【例 3-23】绘制三维螺旋线 $\begin{cases} x=\sin t \\ y=\cos t \\ z=t \end{cases}$ $(0\leqslant t\leqslant 12\pi)$ 与圆锥螺线 $\begin{cases} x=0.1t\cos t \\ y=0.1t\sin t \\ z=t \end{cases}$ $(0\leqslant t\leqslant 24\pi)$。

✪Matlab 程序

```
t1=0:pi/50:12*pi;x1=sin(t1);y1=cos(t1);z1=t1;
t2=0:pi/50:24*pi;x2=0.1*t2.*cos(t2);y2=0.1*t2.*sin(t2);z2=t2;
subplot(1,2,1),plot3(x1,y1,z1),xlabel('x'),ylabel('y'),zlabel('z')
subplot(1,2,2),plot3(x2,y2,z2,'r:'), xlabel('x'),ylabel('y'),zlabel('z')
```

✪程序运行结果

程序绘制的图形如图 3-28 所示。

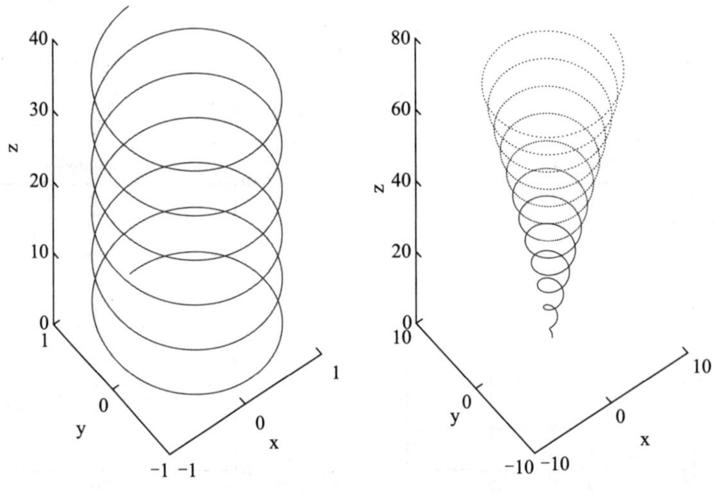

图 3-28 【例 3-23】绘制的图形

（2）命令形式 2：plot3 (x1,y1,z1, x2,y2,z2,⋯)

功能：在同一图形窗口绘制多条三维空间曲线；

说明：一般情况下 $\boldsymbol{x}$、$\boldsymbol{y}$、$\boldsymbol{z}$ 为相同长度的一维向量，则同时绘制分别以向量 $\boldsymbol{x}_1$、$\boldsymbol{y}_1$、$\boldsymbol{z}_1$，$\boldsymbol{x}_2$、$\boldsymbol{y}_2$、$\boldsymbol{z}_2$ 等为 x、y、z 轴坐标值的多条空间曲线；采用 plot3(x1,y1,z1,'s', x2,y2,z2,'s',⋯)可用来分别修饰每个三维图形（曲线）对象的颜色、线型和数据点。

【例 3-24】在同一图形窗口绘制【例 3-23】中的两个三维空间曲线。

✪Matlab 程序

```
t1=0:pi/50:12*pi;x1=sin(t1);y1=cos(t1);z1=t1;
t2=0:pi/50:24*pi;x2=0.1*t2.*cos(t2);y2=0.1*t2.*sin(t2);z2=t2;
plot3(x1,y1,z1,x2,y2,z2,'r:'),xlabel('x'),ylabel('y'),zlabel('z')
```

✪程序运行结果

程序绘制的图形如图 3-29 所示。

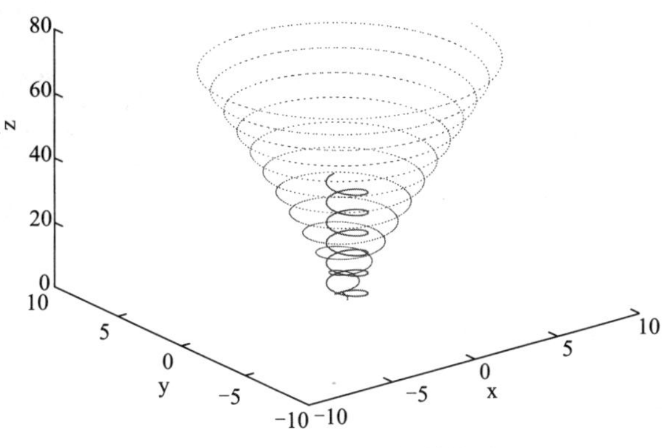

图 3-29 【例 3-24】绘制的图形

3.4.2 三维曲面图

在绘制方程 $z=f(x,y)$的三维曲面图形时，一般首先由函数 meshgrid 生成二维网格坐标，通过函数方程求出各网格坐标对应的函数值，然后利用命令 mesh 和 surf 绘制三维曲面图。

（1）命令形式 1：mesh(x,y,z)

功能：绘制三维网格曲面图。

说明：一般情况下 **x** 和 **y** 均为向量，网格颜色由 z 值决定（与曲面高度成正比）；用于绘制不是特别精细的三维网格曲面图，同一层面的线条用相同的颜色表示；同类函数 meshc 用来绘制三维网格曲面图加基本的等高线图，meshz 用来绘制三维网格曲面图加零平面图。

（2）命令形式 2：surf(x,y,z)

功能：绘制三维着色曲面图。

说明：一般情况下 **x** 和 **y** 均为向量，用于绘制比较光滑的三维着色曲面图，各线条之间的补面用颜色填充；同类函数 surfc 用来绘制三维着色曲面图加等高线图，surfl 用来绘制带光照的三维着色曲面图。

【例 3-25】试分别采用命令 mesh、surf 和 plot3 绘制函数 $z=\sin y\cos x$ 的图像，并比较三者的区别。

✪Matlab 程序

```
x=0:0.1:3*pi;[x,y]=meshgrid(x);z=sin(y).*cos(x);
figure(1),mesh(x,y,z)
xlabel('x 轴'),ylabel('y 轴'),zlabel('z 轴'),title('mesh 命令绘制')
figure(2),surf(x,y,z)
xlabel('x 轴'),ylabel('y 轴'),zlabel('z 轴'),title(' surf 命令绘制')
figure(3),plot3(x,y,z)
xlabel('x 轴'),ylabel('y 轴'),zlabel('z 轴'),title(' plot3 命令绘制')
```

✪程序运行结果

程序绘制的图形如图 3-30、图 3-31 和图 3-32 所示。

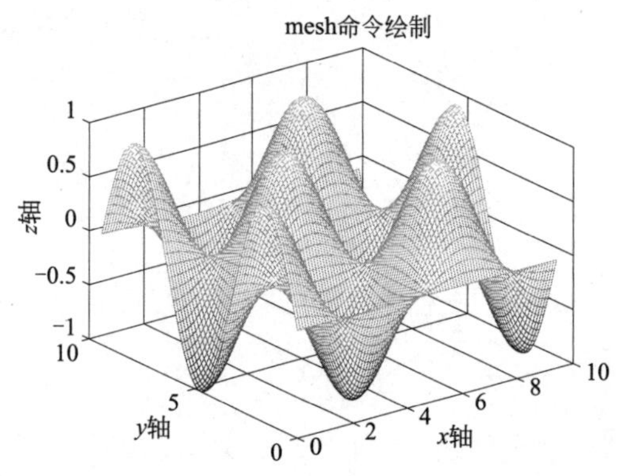

图 3-30　用 mesh 命令绘制的图形

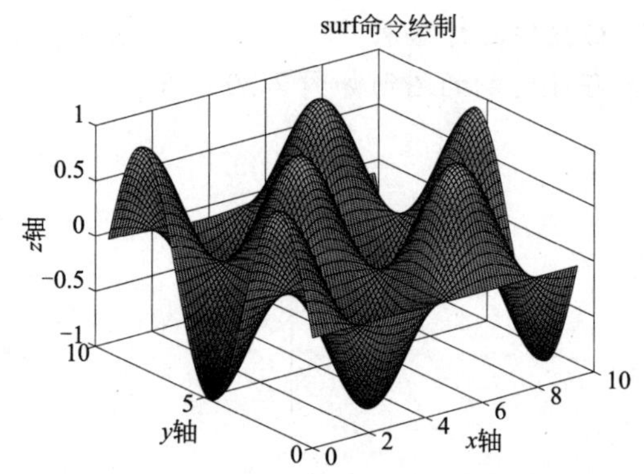

图 3-31　用 surf 命令绘制的图形

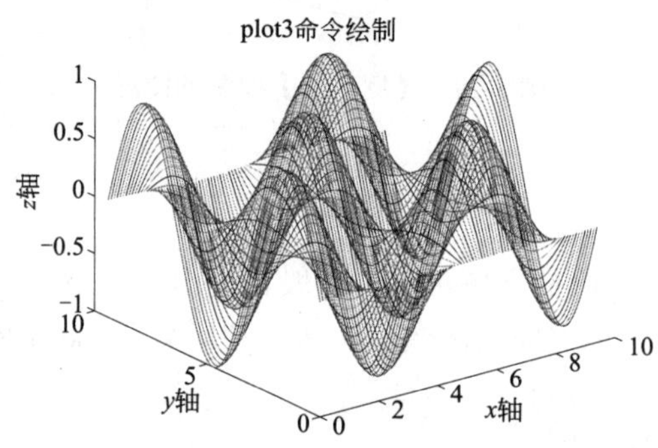

图 3-32　用 plot3 命令绘制的图形

3.5　三维特殊图形绘制

3.5.1　三维统计图

绘制二维统计图的命令如 bar、pie、stem、stairs、fill 等，命令后面加上数字 3 后就转换成了三维统计图的绘制命令，即 bar3、pie3、stem3、stairs3、fill3 等，如表 3-9 所示。

表 3-9　三维统计图的绘制命令

命令	功能	命令	功能
bar3	三维垂直直方图	stairs3	三维阶梯形图
bar3h	三维水平直方图	fill3	三维填充图
pie3	三维饼图	hist3	三维频数直方图
stem3	三维杆图	scatter3	三维散点图

【例 3-26】绘制三维统计图，要求如下：

a. 绘制 5 阶魔方阵的三维垂直直方图；

b. 绘制多峰函数的三维杆图；

c. 某班 35 人中，优秀、良好、中等、及格和不及格人数分别为 2 人、10 人、12 人、

7 人和 4 人，试绘制三维饼图；

d. 绘制球体定义的三维散点图。

✪Matlab 程序

```
figure(1),bar3(magic(5)),title('三维垂直直方图')
figure(2),stem3(peaks(15)),title('三维杆图')
figure(3),pie3([2,10,12,7,4]),title('三维饼图')
figure(4),[X,Y,Z]=sphere(16);
x=[0.5*X(:);0.75* X(:);X(:)];y=[0.5*Y(:);0.75* Y(:);Y(:)];
z=[0.5*Z(:);0.75* Z(:);Z(:)];
scatter3(x,y,z),title('三维散点图')
```

✪程序运行结果

程序绘制的图形如图 3-33、图 3-34、图 3-35 和图 3-36 所示。

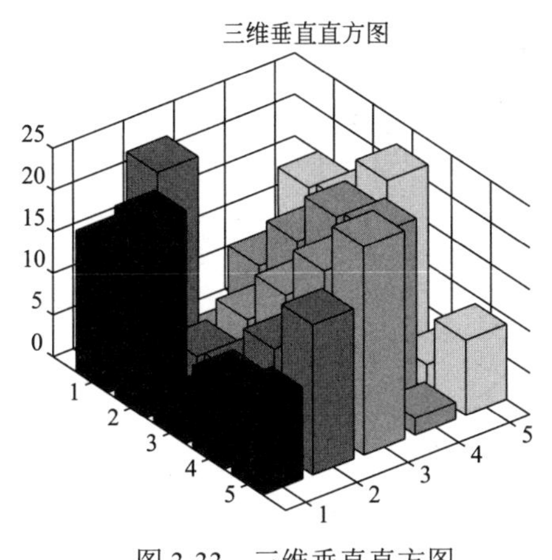

图 3-33　三维垂直直方图

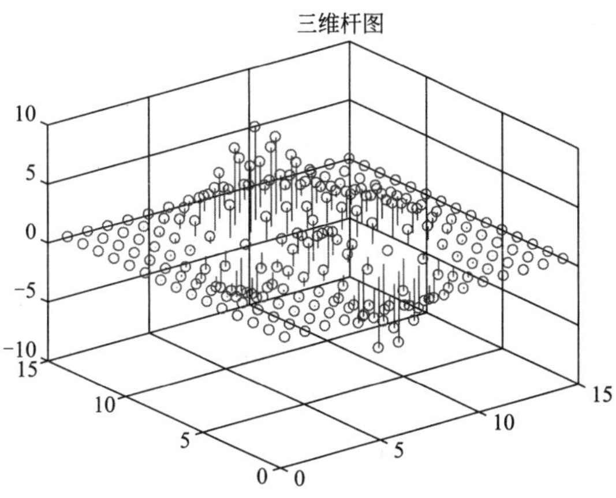

图 3-34　三维杆图

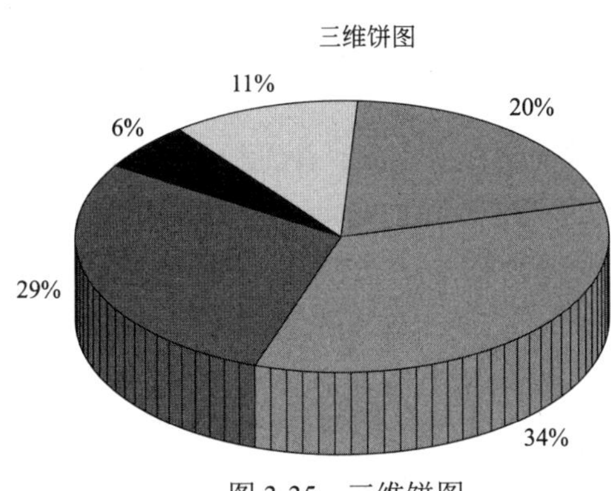

图 3-35　三维饼图

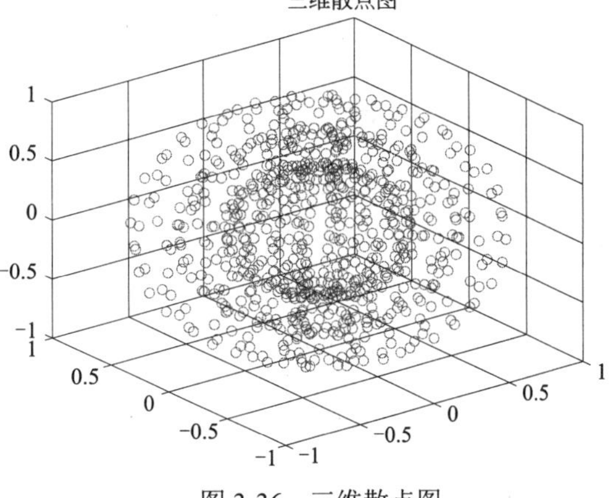

图 3-36　三维散点图

3.5.2　三维箭头图

命令形式：quiver3 (x,y,z,u,v,w)

功能：绘制三维箭头图。

说明：数据点(x,y,z)为三维箭头图的出发点，数据点(u,v,w)为三维箭头图的（箭头）方向。

【例 3-27】绘制参数方程$\begin{cases} x = 5\sin t \\ y = 5\sin t \\ z = t \end{cases}$ $(0 \leqslant t \leqslant 6\pi)$描述的三维箭头图和空间曲线图。

✪Matlab 程序

```
t=0:pi/5:6*pi;x=5*sin(t);y=5*cos(t);z=t;
u=gradient(x);v=gradient(y);w=gradient(z);  %求 x、y、z 向量的梯度
quiver3(x,y,z,u,v,w),grid on,hold on
plot3(x,y,z,'*r-'),axis equal,legend('quiver3','plot3')
```

✪程序运行结果

程序绘制的图形如图 3-37 所示。

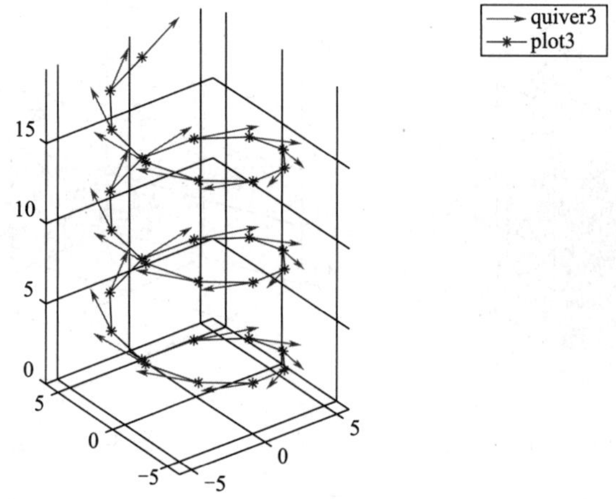

图 3-37 三维箭头图和空间曲线图

3.5.3 柱坐标图

利用 Matlab 绘制柱坐标图时，通常需要两个步骤（命令）完成。首先利用 pol2cart 命令将柱坐标系下的坐标值转化为直角坐标系下的坐标值，然后利用 mesh 或 surf 命令绘制柱坐标系下的三维网格曲面图或三维着色曲面图。

命令形式：[x,y,z]=pol2cart(T,R,Z)

功能：将柱坐标转化为三维直角坐标。

说明：T，R，Z 分别为柱坐标系下的坐标变量，三者具有相同的大小或具有兼容的大小；x，y，z 分别为直角坐标系下的坐标变量。

【例 3-28】绘制柱坐标系下的二元函数方程$\begin{cases} r = \sin t \\ z = \dfrac{t}{4\pi}\sin t \end{cases}$ $(0 \leqslant t \leqslant 4\pi)$描述的三维网格曲面图。

✪Matlab 程序

```
t=0:pi/12:4*pi;r=sin(t);[T,R]=meshgrid(t,r);Z=R.*T/4/pi;[X,Y,Z]=pol2cart(T,R,Z);
surf(X,Y,Z),axis equal
colormap jet          %颜色图名称为jet
shading interp        %对曲面的颜色着色进行色彩的插值处理，使色彩平滑过渡
```

✪程序运行结果

程序绘制的图形如图 3-38 所示。

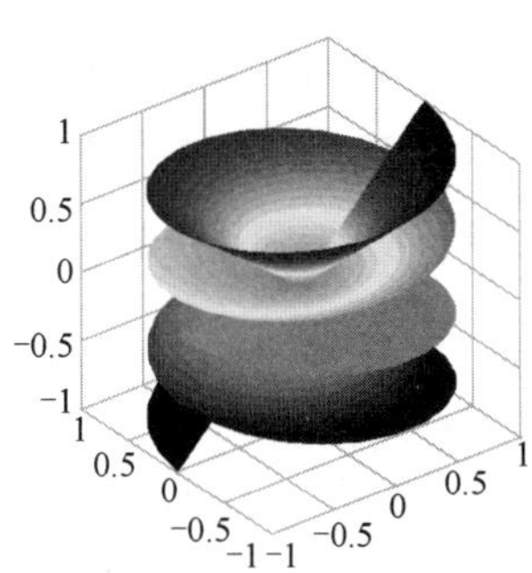

图 3-38 柱坐标系下的三维网格曲面图

3.5.4 等高线图

（1）命令形式 1：contour(x,y,z,n)

功能：绘制等高线图。

说明：***x***，***y*** 一般为一维向量，然后由 meshgrid 函数生成二维网格坐标，通过函数方程创建第三个矩阵 *z* 绘制等高线；*n* 为等高线的数目，可以省略，省略（未指定）时自动选择等高线数目；通过将 ShowText 属性设置为“on”可以显示等高线标签。

（2）命令形式 2：contourf(x,y,z,n)

功能：绘制等高线图，并用不同的颜色填充。

说明：与 contour 用法相同，在内部填充了不同的颜色。

（3）命令形式 3：contour3(x,y,z,n)

功能：在三维空间直接绘制等高线图。

说明：绘制出的等高线有立体感，不把等高线向 *x-y* 平面内投影。

【例 3-29】等高线图绘制命令的示例。

✪Matlab 程序

```
[x,y]=meshgrid(-2:0.2:2,-2:0.2:3);z=x.*exp(-x.^2-y.^2);
figure(1),contour(x,y,z,20),title('contour 命令')
figure(2),contour(x,y,z,'ShowText','on'),title('contour 命令-显示标签')
figure(3),contourf(x,y,z,15),title('contourf 命令')
figure(4),contour3(x,y,z),title('contour3 命令')
```

✪程序运行结果

程序绘制的图形如图 3-39、图 3-40、图 3-41 和图 3-42 所示。

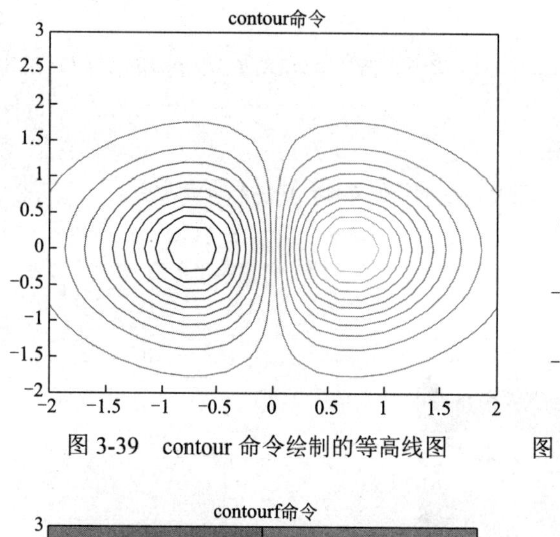

图 3-39 contour 命令绘制的等高线图

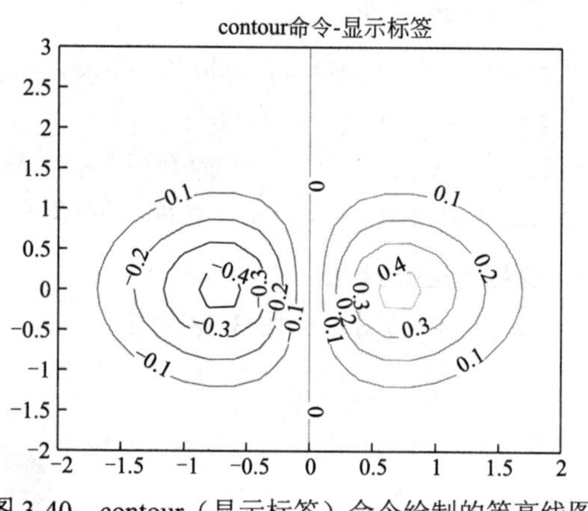

图 3-40 contour（显示标签）命令绘制的等高线图

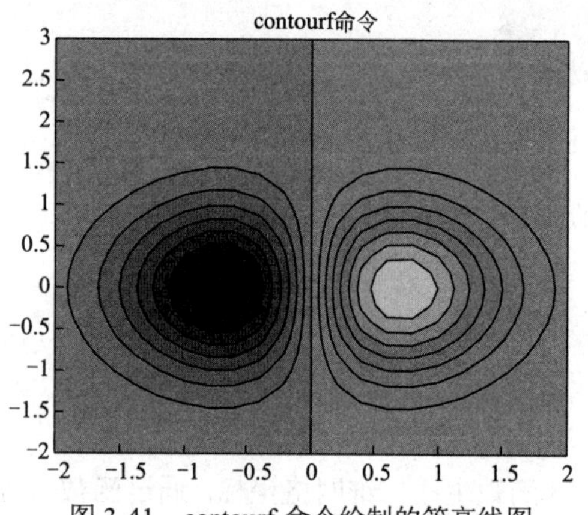

图 3-41 contourf 命令绘制的等高线图

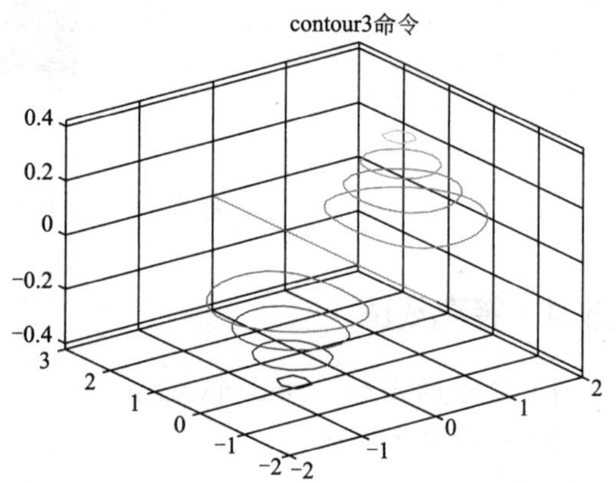

图 3-42 contour3 命令绘制的等高线图

3.5.5 立体切片图

三维曲面图的操作对象是三维曲面，而三维立体切片图的操作对象是三维实心体。三维立体切片图需要四个指标，第四个指标表示三维实心体的内部情况。立体切片图的切片功能将三维表示的数据，通过对图形的线型、立面、色彩、渲染、光线、视角等的控制，可形象地表现数据的四维特性。

命令形式：slice(X,Y,Z,w,xi,yi,zi)

功能：绘制三维物体切片图，实现三元函数 $w=f(X,Y,Z)$)的可视化表现。

说明：X，Y，Z 为使用 meshgrid 函数生成的三维网格坐标矩阵；$w=f(X,Y,Z)$为这些网格点上的函数矩阵；x_i，y_i，z_i 为切片位置；一般配合采用色轴命令 colorbar，以更形象地表示三维实体内部（四维切片）颜色与数值之间的关系。

【例 3-30】立体切片图绘制命令的示例。

✪Matlab 程序

```
x=-5:0.5:5;y=x;z=x;[X,Y,Z]=meshgrid(x,y,z);w=X.*exp(-X.^2-Y.^2-Z.^2);
x1=1;y1=2;z1=0;
figure(1),slice(X,Y,Z,w,x1,y1,z1)
```

```
xlabel('x');ylabel('y');zlabel('z'),colorbar
x=-2:0.1:2;y=x;z=x;[X,Y,Z]=meshgrid(x,y,z);w=X.^2+Y.^2+Z.^2;
x1=[-1,0,1];y1=x1;z1=x1;
figure(2),slice(X,Y,Z,w,x1,y1,z1),colorbar
```

✪程序运行结果

程序绘制的图形如图 3-43 和图 3-44 所示。

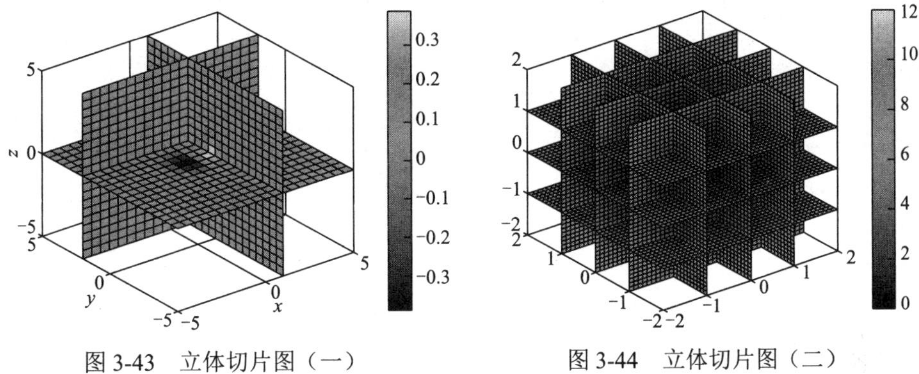

图 3-43　立体切片图（一）

图 3-44　立体切片图（二）

第4章
Matlab符号运算

Matlab的数学运算分为数值运算和符号运算。所谓符号运算是指：解算数学表达式及方程不是在离散化的数值点上进行，而是凭借一系列恒等式和数学定理，通过推理和演绎，获得解析结果。这种运算是建立在数值完全准确表达和推演严格解析的基础之上，不受计算误差积累问题的困扰，因此所得结果是完全准确的。符号运算是Matlab的一个极其重要的组成部分，符号表示的解析解比数值解具有更好的通用性。本章内容包括符号对象、极限运算、导数运算、积分运算、级数运算及积分变换。

4.1 符号对象

在Matlab中，数学表达式所用到的变量必须事先被赋过值。这一点对于符号运算而言，同样不例外，首先也要定义基本的符号对象，然后才能进行符号运算。Matlab规定：任何包含符号对象的表达式或方程将继承符号对象的属性，即这样的表达式或方程也一定是符号对象。

4.1.1 符号变量

命令形式：syms a b c …

功能：定义多个符号变量 a，b，c，…。

说明：定义多个符号变量时，各符号变量名之间只能用空格分隔，不能用逗号代替空格；该命令也可以定义单个符号变量，命令形式为：syms a。

【例4-1】比较符号对象与字符型对象的差异。

✪Matlab程序

```
syms a b c d
x1=a+b+c+d,x2='a+b+c+d',y1=[a,b;c,d],y2='[a,b;c,d]'
```

```
whos x1 x2
whos y1 y2
```

✪程序运行结果

```
x1 =
a + b + c + d
x2 =
a+b+c+d
y1 =
[ a, b]
[ c, d]
y2 =
[a,b;c,d]
  Name      Size            Bytes  Class    Attributes
  x1        1x1               8    sym
  x2        1x7              14    char
  Name      Size            Bytes  Class    Attributes
  y1        2x2               8    sym
  y2        1x9              18    char
```

4.1.2 符号表达式

（1）符号表达式的创建

符号表达式的创建方法：先把符号表达式中的所有变量定义为符号变量，然后直接键入表达式。

【例 4-2】创建符号表达式 $f = ax^2 + bx + c$ 并计算 $f - ax^2 - bx$ 的值。

✪Matlab 程序

```
syms a b c x
f=a*x^2+b*x+c
f-a*x^2-b*x
```

✪程序运行结果

```
f =
a*x^2 + b*x + c
ans =
c
```

（2）符号表达式的求值

符号表达式的求值方法：定义符号表达式时将表达式赋予的符号变量写成符号函数形式，然后调用求值。

【例 4-3】分别计算符号表达式 $f = a^2\sin t + b\cos t$ 在 $t = \frac{\pi}{7}$ 和 $a = 4$、$b = 5$ 及 $t = \frac{\pi}{4}$、$a = 4$、

$b=5$ 的值。

✪Matlab 程序

```
syms a b t
f1(t)=a^2*sin(t)+b*cos(t);f1(pi/7)
f2(a,b)=a^2*sin(t)+b*cos(t);f2(4,5)
f3(a,b,t)=a^2*sin(t)+b*cos(t);f3(4,5,pi/7)
```

✪程序运行结果

```
ans =
sin(pi/7)*a^2 + b*cos(pi/7)
ans =
5*cos(t) + 16*sin(t)
ans =
5*cos(pi/7) + 16*sin(pi/7)
```

（3）符号表达式的运算

Matlab 提供了常用的符号表达式运算命令，如表 4-1 所示。

表 4-1 常用的符号表达式运算命令

命令	功能
factor(f)	对符号表达式 f 进行因式分解
expand(f)	对符号表达式 f 进行展开
collect(f,v)	对符号表达式 f 中 v 的同幂项系数进行合并
simplify(f)	对符号表达式 f 进行化简
[n,d]=numden(f)	提取符号表达式 f 中的分子和分母

【例 4-4】 对符号表达式 $f=x^3-6x^2+11x-6$ 进行因式分解。

✪Matlab 程序

```
syms x
f=x^3-6*x^2+11*x-6;r=factor(f)
```

✪程序运行结果

```
r =
[ x - 3, x - 1, x - 2]
```

【例 4-5】 对符号表达式 $f=(x-1)(x-2)(x-3)$ 进行展开。

✪Matlab 程序

```
syms x
f=(x-1)*(x-2)*(x-3);r=expand(f)
```

✪程序运行结果

```
r =
x^3 - 6*x^2 + 11*x - 6
```

【例 4-6】对符号表达式 $f=(3x^2+2y^3+5)^2$ 进行展开，并按 y 的同幂项系数进行合并。

✪Matlab 程序

```
syms x y
f=(3*x^2+2*y^3+5)^2;q=expand(f),r=collect(q,y)
```

✪程序运行结果

```
q =
9*x^4 + 12*x^2*y^3 + 30*x^2 + 4*y^6 + 20*y^3 + 25
r =
4*y^6 + (12*x^2 + 20)*y^3 + 9*x^4 + 30*x^2 + 25
```

【例 4-7】对符号表达式 $f=\dfrac{12x^2+11x+2}{3x+2}$ 进行化简。

✪Matlab 程序

```
syms x y
f=(12*x^2+11*x+2)/(3*x+2);r=simplify(f)
```

✪程序运行结果

```
r =
4*x + 1
```

【例 4-8】提取符号表达式 $f=\dfrac{ax^2+6}{3x+b}$ 的分子和分母。

✪Matlab 程序

```
syms x a b
f=(a*x^2+6)/(3*x+b);[n,d]=numden(f)
```

✪程序运行结果

```
n =
a*x^2 + 6
d =
b + 3*x
```

4.1.3 符号矩阵

符号矩阵的创建方法：先把符号矩阵中的所有变量定义为符号变量，然后直接键入符号矩阵。符号矩阵的相关运算同数值矩阵运算。

【例 4-9】创建符号矩阵 $f_1=\begin{bmatrix}2a+b & c^2 & -bx\\ 12 & \dfrac{1}{xy} & x^2+y^2\\ az^3 & 0 & 3z^2-1\end{bmatrix}$ 和 $f_2=\begin{bmatrix}-2a & -c^2 & bx\\ ab^2-12 & -\dfrac{1}{xy} & -y^2\\ -az^3+bx & 10 & -3z^2\end{bmatrix}$，并计算 f_1+f_2 的值。

✪Matlab 程序

```
syms a b c x y z
f1=[2*a+b,c^2,-b*x;12,1/x/y,x^2+y^2;a*z^3,0,3*z^2-1]
f2=[-2*a,-c^2,b*x;a*b^2-12,-1/x/y,-y^2;-a*z^3+b*x,10,-3*z^2]
f3=f1+f2
```

✪程序运行结果

```
f1 =
[ 2*a + b,       c^2,        -b*x]
[       12,  1/(x*y),  x^2 + y^2]
[   a*z^3,           0,  3*z^2 - 1]
f2 =
[            -2*a,       -c^2,      b*x]
[     a*b^2 - 12, -1/(x*y),     -y^2]
[ - a*z^3 + b*x,          10, -3*z^2]
f3 =
[      b,  0,    0]
[ a*b^2,  0, x^2]
[   b*x, 10,  -1]
```

4.1.4 符号方程

（1）符号方程的创建

符号方程的创建方法是先把符号方程中的所有变量定义为符号变量，然后键入如下形式的符号方程：A==B。

【例 4-10】 创建符号方程 $ax^2+bx+c=5$。

✪Matlab 程序

```
syms a b c x
eq=a*x^2+b*x+c==5
```

✪程序运行结果

```
eq =
a*x^2 + b*x + c == 5
```

（2）一般符号方程的求解

Matlab 提供了 solve 命令求解一般的符号方程，包括多项式方程和超越方程。当方程不存在解析解且无其他自由参数时，solve 命令将给出数值解。

① 命令形式 1：x=solve(eq,v)

功能：对方程 eq 的指定变量 v 求解，求解的结果赋给 x。

说明：当方程 eq 只有一个变量时，v 可以省略，该命令将对方程 eq 的默认变量求解，求解的结果赋给 x。

适用范围：一个或多个变量组成的单个方程。

② 命令形式 2：[x1,x2, …,xn]=solve(eq1, eq2,…,eqn,v1,v2,…,vn)

功能：对方程 eq_1，eq_2，…，eq_n 组成的方程组的指定变量 v_1，v_2，…，v_n 求解，求解的结果赋给 x_1，x_2，…，x_n。

说明：v_1，v_2，…，v_n 的次序决定了方程组所有根对应的变量及次序，为防止错误对应，建议输出变量名称和次序与 solve 函数的输入变量名称和次序保持相同。

适用范围：多个方程组成的方程组。

【例 4-11】 分别求方程 $ax^2+bx+c=0$，$x^3-4x^2+9x-10=0$，$(x+2)^x=2$ 以及 $\sin x+\cos(2x)=1$ 的解。

✪Matlab 程序

```
syms a b c x
eq1=a*x^2+b*x+c;eq2=x^3-4*x^2+9*x-10;eq3=(x+2)^x==2;eq4=sin(x)+cos(2*x)==1;
x1=solve(eq1,x),x2=solve(eq2),x3=solve(eq3),x4=solve(eq4)
```

✪程序运行结果

```
x1 =
 -(b + (b^2 - 4*a*c)^(1/2))/(2*a)
 -(b - (b^2 - 4*a*c)^(1/2))/(2*a)
x2 =
      2
 1 - 2i
 1 + 2i
x3 =
0.69829942170241042826920133106081
x4 =
        0
     pi/6
(5*pi)/6
```

【例 4-12】 分别求方程组 $\begin{cases} x+3y=0 \\ x^2+y^2=1 \end{cases}$ 和 $\begin{cases} \sqrt{x}+y\sqrt{z}=20.9 \\ 0.88x+y0.88^z=38.2 \\ 0.99x+y0.99^z=46.8 \end{cases}$ 的所有根。

✪Matlab 程序

```
syms x y z
eq1=x+3*y;eq2=x^2+y^2-1;[x1,y1]=solve(eq1,eq2,x,y)
e1=sqrt(x)+y*sqrt(z)-20.9;e2=0.88*x+y*0.88^z-38.2;e3=0.99*x+y*0.99^z-46.8;
[x2,y2,z2]=solve(e1,e2,e3,x,y,z);
x2=vpa(x2,6),y2=vpa(y2,6),z2=vpa(z2,6)      %对结果取 6 位有效数字
```

✪程序运行结果

```
x1 =
  (3*10^(1/2))/10
```

```
 -(3*10^(1/2))/10
y1 =
 -10^(1/2)/10
  10^(1/2)/10
x2 =
43.9745 - 2.54092i
y2 =
3.67247 + 2.30097i
z2 =
4.98762 - 9.62208i
```

（3）符号微分方程的求解

Matlab 提供了 dsolve 命令求解符号微分方程。

① 命令形式 1：y=dsolve(eq,'con',v)

功能：对初始条件为 con 的微分方程 eq 的指定变量 v 求解，求解的结果赋给 y。

说明：eq 为微分方程；con 为初始条件，可省略；v 为指定变量，可省略，省略时为默认变量；y 为微分方程求解结果赋给的变量。

适用范围：单个微分方程。

② 命令形式 2：[y1,y2, …,yn]=dsolve(eq1, eq2,…,eqn, 'con1', 'con2',…, 'conn',v)

功能：对初始条件为 con_1，con_2，…，con_n 的微分方程 eq_1，eq_2，…，eq_n 组成的微分方程组的指定变量 v 求解，求解的结果赋给 y_1，y_2，…，y_n。

说明：eq_1，eq_2，…，eq_n 为组成微分方程组的 n 个微分方程；con_1，con_2，…，con_n 为初始条件，可省略；v 为指定变量，可省略，省略时为默认变量；y_1，y_2，…，y_n 为微分方程组求解结果赋给的变量。

适用范围：多个微分方程组成的微分方程组。

【例 4-13】 分别求微分方程 $\frac{dy}{dx}+2xy=xe^{-x^2}$ 和 $x\frac{d^2y}{dx^2}-3\frac{dy}{dx}=x^2[y(1)=0,y(5)=0]$ 的解。

✪Matlab 程序

```
syms y(x)  %定义 y 是关于 x 的符号函数
y1=dsolve(diff(y)+2*x*y==x*exp(-x^2),x)  %x 可以省略
y2=dsolve(x*diff(diff(y))-3*diff(y)==x^2,'y(1)==0','y(5)==0',x)  %x 可以省略
```

✪程序运行结果

```
y1 =
C12*exp(-x^2) + (x^2*exp(-x^2))/2
y2 =
(31*x^4)/468 - x^3/3 + 125/468
```

【例 4-14】 分别求微分方程组 $\begin{cases}\frac{dx}{dt}=y\\ \frac{dy}{dt}=-x\end{cases}$ 和 $\begin{cases}\frac{dx}{dt}+5x+y=e^t\\ \frac{dy}{dt}-x-3y=0\end{cases}\begin{bmatrix}x(0)=1\\ y(0)=0\end{bmatrix}$ 的解，$\frac{dy}{dx}=\sin^2(x-y+1)$

和 $x\frac{\mathrm{d}^2y}{\mathrm{d}x^2}-3\frac{\mathrm{d}y}{\mathrm{d}x}=x^2[y(1)=0,y(0)=0]$ 的解。

✪Matlab 程序

```
syms x(t) y(t)
[x1,y1]=dsolve(diff(x)==y,diff(y)==-x,t)
[x2,y2]=dsolve(diff(x)+5*x+y==exp(t),diff(y)-x-3*y==0,'x(0)=1','y(0)=0',t)
```

✪程序运行结果

```
x1 =
C20*cos(t) + C19*sin(t)
y1 =
C19*cos(t) - C20*sin(t)
x2 =
exp(t*(15^(1/2) - 1))*(15^(1/2) - 4)*((13*15^(1/2))/330 - exp(2*t - 15^(1/2)*t)*
(15^(1/2)/165 + 1/22) + 1/22) - exp(-t*(15^(1/2) + 1))*(exp(2*t + 15^(1/2)*t)*
(15^(1/2)/165 - 1/22) + (15^(1/2)*(15^(1/2) - 13))/330)*(15^(1/2) + 4)
y2 =
exp(-t*(15^(1/2) + 1))*(exp(2*t + 15^(1/2)*t)*(15^(1/2)/165 - 1/22) + (15^(1/2)*
(15^(1/2) - 13))/330) + exp(t*(15^(1/2) - 1))*((13*15^(1/2))/330 - exp(2*t -
15^(1/2)*t)*(15^(1/2)/165 + 1/22) + 1/22)
```

4.2 极限运算

Matlab 提供了 limit 命令进行极限运算，具体的命令形式如表 4-2 所示。

表 4-2 limit 命令形式

命令	功能	命令	功能
limit(f)	求解 $\lim\limits_{x\to 0}f(x)$	limit(f,x,a,'right')	求解 $\lim\limits_{x\to a+}f(x)$
limit(f,x,a)	求解 $\lim\limits_{x\to a}f(x)$	limit(f,x,a, 'left')	求解 $\lim\limits_{x\to a-}f(x)$

【例 4-15】 计算 $\lim\limits_{x\to 0}x\sqrt{1+\sin\frac{1}{x}}$。

✪Matlab 程序

```
syms x
f=x*sqrt(1+sin(1/x));limit(f)
```

✪程序运行结果

```
ans =
0
```

【例 4-16】计算 $\lim\limits_{x \to 4} \dfrac{\sqrt{1+2x}-3}{\sqrt{x}-2}$。

✪Matlab 程序

```
syms x
f=(sqrt(1+2*x)-3)/(sqrt(x)-2);limit(f,x,4)
```

✪程序运行结果

```
ans =
4/3
```

【例 4-17】计算 $\lim\limits_{x \to \infty} \left(\dfrac{x+a}{x-a}\right)^x$。

✪Matlab 程序

```
syms x a
f=((x+a)/(x-a))^x;limit(f,x,inf)
```

✪程序运行结果

```
ans =
exp(2*a)
```

【例 4-18】计算 $\lim\limits_{x \to 0+} \dfrac{e^{\frac{1}{x}}-1}{e^{\frac{1}{x}}+1}$。

✪Matlab 程序

```
syms x
f=(exp(1/x)-1)/(exp(1/x)+1);limit(f,x,0,'right')
```

✪程序运行结果

```
ans =
1
```

【例 4-19】计算 $\lim\limits_{x \to 0-} \dfrac{e^{\frac{1}{x}}-1}{e^{\frac{1}{x}}+1}$。

✪Matlab 程序

```
syms x
f=(exp(1/x)-1)/(exp(1/x)+1);limit(f,x,0,'left')
```

✪程序运行结果

```
ans =
-1
```

4.3　导数运算

4.3.1　一般函数的导数

Matlab 提供了 diff 命令进行导数运算，其中求解一般函数的 diff 命令形式如表 4-3 所示。

表 4-3　diff 命令形式

命令	功能
diff(f)	求一元函数 $f(x)$ 的导数
diff (f,n)	求一元函数 $f(x)$ 的 n 阶导数
diff (f,x)	求多元函数 $f(x,y,\cdots)$ 对 x 的（偏）导数
diff (f,x,n)	求多元函数 $f(x,y,\cdots)$ 对 x 的 n 阶（偏）导数

【例 4-20】计算函数 $f=2^x+\sqrt{x}\ln x$ 的导数。

✪Matlab 程序

```
syms x
f=2^x+sqrt(x)*log(x);diff(f)
```

✪程序运行结果

```
ans =
log(x)/(2*x^(1/2)) + 2^x*log(2) + 1/x^(1/2)
```

【例 4-21】计算函数 $f=x\mathrm{e}^x\sin(3x+2)$ 的 3 阶导数。

✪Matlab 程序

```
syms x
f=x*exp(x)*sin(3*x+2);diff(f,3)
```

✪程序运行结果

```
ans =
18*exp(x)*cos(3*x + 2) - 24*exp(x)*sin(3*x + 2) - 18*x*exp(x)*cos(3*x + 2) -
26*x*exp(x)*sin(3*x + 2)
```

【例 4-22】计算函数 $f=\ln[\mathrm{e}^{2(x+y^2)}+\sin(x^2+xy)]$ 对 x、y 的 1 阶、2 阶偏导数。

✪Matlab 程序

```
syms x y
f=log(exp(2*(x+y^2))+sin(x^2+x*y));
dfx=diff(f,x),dfy=diff(f,y),dfx2=diff(f,x,2),dfy2=diff(f,y,2)
```

✪程序运行结果

```
dfx =
```

```
(2*exp(2*y^2 + 2*x) + cos(x^2 + y*x)*(2*x + y))/(exp(2*y^2 + 2*x) + sin(x^2 + y*x))
dfy =
(4*y*exp(2*y^2 + 2*x) + x*cos(x^2 + y*x))/(exp(2*y^2 + 2*x) + sin(x^2 + y*x))
dfx2 =
(4*exp(2*y^2 + 2*x) + 2*cos(x^2 + y*x) - sin(x^2 + y*x)*(2*x + y)^2)/(exp(2*y^2 +
2*x) + sin(x^2 + y*x)) - (2*exp(2*y^2 + 2*x) + cos(x^2 + y*x)*(2*x + y))^2/(exp(2*y^2 +
2*x) + sin(x^2 + y*x))^2
dfy2 =
(4*exp(2*y^2 + 2*x) + 16*y^2*exp(2*y^2 + 2*x) - x^2*sin(x^2 + y*x))/(exp(2*y^2 +
2*x) + sin(x^2 + y*x)) - (4*y*exp(2*y^2 + 2*x) + x*cos(x^2 + y*x))^2/(exp(2*y^2 + 2*x) +
sin(x^2 + y*x))^2
```

4.3.2 参数方程的导数

对参数方程$\begin{cases}x=x(t)\\y=y(t)\end{cases}$所确定的$y=f(x)$的求导方法。根据$\dfrac{\mathrm{d}y}{\mathrm{d}x}=\dfrac{\mathrm{d}y/\mathrm{d}t}{\mathrm{d}x/\mathrm{d}t}$，则该参数方程的求导命令为：diff(y)/diff(x)。上述命令的求导结果为y对x的1阶导数，若求y对x的高阶导数，可以通过递推公式推导为diff命令递归调用的形式进行求解，如：$\dfrac{\mathrm{d}^2y}{\mathrm{d}x^2}=\dfrac{\mathrm{d}}{\mathrm{d}x}\left(\dfrac{\mathrm{d}y}{\mathrm{d}x}\right)=\dfrac{\mathrm{d}}{\mathrm{d}t}\left(\dfrac{\mathrm{d}y}{\mathrm{d}x}\right)\dfrac{\mathrm{d}t}{\mathrm{d}x}=\dfrac{\mathrm{d}}{\mathrm{d}t}\left(\dfrac{\mathrm{d}y}{\mathrm{d}x}\right)\dfrac{1}{\mathrm{d}x/\mathrm{d}t}$。

【例 4-23】求参数方程$\begin{cases}x=t(1-\sin t)\\y=t\cos t\end{cases}$的1阶导数。

✪Matlab 程序

```
syms x y t
x=t*(1-sin(t));y=t*cos(t);dxt=diff(x);dyt=diff(y);
dyx=dyt/ dxt,pretty(dyx)
```

✪程序运行结果

```
dyx =
-(cos(t) - t*sin(t))/(sin(t) + t*cos(t) - 1)
   cos(t) - t sin(t)
- ---------------------
   sin(t) + t cos(t) - 1
```

【例 4-24】求参数方程$\begin{cases}x=a\cos t\\y=b\sin t\end{cases}$的2阶导数，即$\dfrac{\mathrm{d}^2y}{\mathrm{d}x^2}$。

✪Matlab 程序

```
syms x y t a b
x=a*cos(t);y=b*sin(t);
dyx=diff(y)/diff(x);dyx2=dyx*diff(1/diff(x),t)
```

✪程序运行结果

```
dyx2 =
-(b*cos(t)^2)/(a^2*sin(t)^3)
```

4.3.3 隐函数的导数

对方程 $F(x,y)=0$ 所确定的隐函数 $y=y(x)$ 的求导方法。根据 $\frac{\mathrm{d}y}{\mathrm{d}x}=-\frac{F_x}{F_y}$，则该隐函数的求导命令为：-diff(F,x)/ diff(F,y)。

对方程 $F(x,y,z)=0$ 所确定的隐函数 $z=z(x,y)$ 的求导方法。根据 $\frac{\partial z}{\partial x}=-\frac{F_x}{F_z}$，$\frac{\partial z}{\partial y}=-\frac{F_y}{F_z}$，则该隐函数的求导命令分别为：dzx=-diff(F,x)/ diff(F,z)，dzy=-diff(F,y)/diff(F,z)。其中，dzx 和 dzy 分别为 z 对 x 的（偏）导数和 z 对 y 的（偏）导数。

【例 4-25】 求方程 $\mathrm{e}^x-xy+\sin y-1=0$ 所确定的隐函数 $y=y(x)$ 的导数 $\frac{\mathrm{d}y}{\mathrm{d}x}$。

✪Matlab 程序

```
syms x y
f=exp(x)-x*y+sin(y)-1;dyx=-diff(f,x)/diff(f,y)
```

✪程序运行结果

```
dyx =
-(y - exp(x))/(x - cos(y))
```

【例 4-26】 求方程 $xy+\sin z+y=2z$ 所确定的隐函数 $z=f(x,y)$ 的导数 $\frac{\partial z}{\partial x}$ 和 $\frac{\partial z}{\partial y}$。

✪Matlab 程序

```
syms x y z
f=x*y+sin(z)+y-2*z;dzx=-diff(f,x)/diff(f,z),dzy=-diff(f,y)/diff(f,z)
```

✪程序运行结果

```
dzx =
-y/(cos(z) - 2)
dzy =
-(x + 1)/(cos(z) - 2)
```

4.4 积分运算

4.4.1 不定积分

Matlab 提供了 int 命令进行不定积分运算。

命令形式：int(f,x)

功能：求函数 f 对变量 x 的不定积分。

说明：当 f 为一元函数时，变量 x 可以省略，命令为求函数 f 对默认变量的不定积分；不定积分的计算结果中省略了任意常数C。

【例 4-27】计算 $\int 2^x \mathrm{e}^x \mathrm{d}x$。

✪Matlab 程序

```
syms x
f=2^x*exp(x);int(f)
```

✪程序运行结果

```
ans =
(2^x*exp(x))/(log(2) + 1)
```

【例 4-28】计算 $\int (x^2y + xy^2 + 3xy + 5)\mathrm{d}y$。

✪Matlab 程序

```
syms x y
f=x^2*y+x*y^2+3*x*y+5;int(f,y)
```

✪程序运行结果

```
ans =
(x*y^3)/3 + (x^2/2 + (3*x)/2)*y^2 + 5*y
```

4.4.2 定积分

除了不定积分运算外，Matlab 提供的 int 命令也可以进行定积分运算。

命令形式：int(f,x,a,b)

功能：求函数 f 对变量 x 在区间 $[a,b]$ 上的定积分。

说明：当 f 为一元函数时，变量 x 可以省略，命令为求函数 f 对默认变量在区间 $[a,b]$ 上的定积分；当 a，b 中至少有一个是（正或负）无穷大时，定积分转化为广义积分，该命令形式同样有效。

【例 4-29】计算 $\int_0^1 2^x \mathrm{e}^x \mathrm{d}x$。

✪Matlab 程序

```
syms x
f=2^x*exp(x);int(f,0,1)
```

✪程序运行结果

```
ans =
(2*exp(1) - 1)/(log(2) + 1)
```

【例 4-30】计算 $\int_{-5}^5 (x^2y + xy^2 + 3xy + 5)\mathrm{d}y$。

✪Matlab 程序

```
syms x y
f=x^2*y+x*y^2+3*x*y+5;int(f,y,-5,5)
```

✪程序运行结果

```
ans =
(250*x)/3 + 50
```

【例 4-31】计算 $\int_{-\infty}^{+\infty}\frac{1}{x^2+2x+2}\mathrm{d}x$。

✪Matlab 程序

```
syms x y
f=1/(x^2+2*x+2);int(f,x,-inf,inf)
```

✪程序运行结果

```
ans =
pi
```

4.5 级数运算

级数是研究函数的一个重要工具，在理论上和实际应用中都处于重要地位，这是因为：一方面能借助级数表示许多常用的非初等函数，微分方程的解就常用级数表示；另一方面又可将函数表为级数，从而借助级数去研究函数以及进行近似计算等。

4.5.1 泰勒级数

用简单函数逼近（近似表示）复杂函数是数学中的一种基本思想方法，泰勒（Taylor）级数就是用高阶多项式逼近可微复杂函数的一种方法，它在理论研究和近似计算中具有重要价值。

Matlab 提供了泰勒级数展开的命令 taylor，具体的命令形式如表 4-4 所示。

表 4-4 taylor 命令形式

命令	功能
taylor(f)	将函数 f 展开为默认变量的 6 阶麦克劳林级数
taylor (f,'order',n)	将函数 f 展开为默认变量的 n 阶麦克劳林级数
taylor (f,x,a, 'order',n)	将函数 f 在 $x=a$ 处展开为 n 阶泰勒级数

【例 4-32】将函数 e^x 展开为 x 的 4 阶麦克劳林级数和 6 阶麦克劳林级数。

✪Matlab 程序

```
syms x
f=exp(x);y1=taylor(f,'order',4),y2=taylor(f)
```

✪程序运行结果

```
y1 =
x^3/6 + x^2/2 + x + 1
y2 =
x^5/120 + x^4/24 + x^3/6 + x^2/2 + x + 1
```

【例 4-33】将函数 $x\arctan x-\ln\sqrt{1+x^2}$ 在 x=2 处展开成 5 阶泰勒级数。

✪Matlab 程序

```
syms x
f=x*atan(x)-log(sqrt(1+x^2));y=taylor(f,x,2,'order',5)
```

✪程序运行结果

```
y =
2*atan(2) - log(5^(1/2)) + (x - 2)^2/10 - (2*(x - 2)^3)/75 + (11*(x - 2)^4)/1500 +
atan(2)*(x - 2)
```

4.5.2 傅里叶级数

目前 Matlab 没有提供专门求解傅里叶级数的命令，但是可以根据傅里叶级数的定义编写一个函数文件来求解傅里叶级数。傅里叶级数求解的函数文件（详见第 4 章源程序的 fseries.m 文件）的命令如下：

```
function [A,B,F]=fseries(f,x,n,a,b)
if nargin==3
    a=-pi;
    b=pi;
end
L=(b-a)/2;
if a+b~=0
    f=subs(f,x,x-L-a);
end
A=int(f,x,-L,L)/L;
B=[];
F=A/2;
for i=1:n
    an=int(f*cos(i*pi*x/L),x,-L,L)/L;
    bn=int(f*cos(i*pi*x/L),x,-L,L)/L;
    A=[A,an];
    B=[B,bn];
    F=F+an*cos(i*pi*x/L)+bn*sin(i*pi*x/L);
end
if a+b~0
    F=subs(F,x,x+L+a);
```

```
end
end
```

功能：将函数 $f(x)$ 在区间 $[-L,L]$ 上展开为 n 阶傅里叶级数。

说明：f 为给定的待展开函数 $f(x)$；x 为函数 $f(x)$ 的自变量；n 为展开的项数；a，b 为给定级数的展开区间，若省略则默认在区间 $[-\pi,\pi]$ 上展开；A，B 为函数 $f(x)$ 的傅里叶系数；F 为函数 $f(x)$ 的傅里叶级数。

【例 4-34】求函数 $f(x)=x^2$ 在区间 $[0,2\pi]$ 上的傅里叶级数展开式，n 取 10。

✪Matlab 程序

```
syms x
f=x^2;[A,B,F]=fseries(f,x,10,0,2*pi);  %调用上述的函数文件 fseries.m
F
```

✪程序运行结果

```
F =
cos(2*x) + (4*cos(3*x))/9 + cos(4*x)/4 + (4*cos(5*x))/25 + cos(6*x)/9 + (4*cos(7*x))/49 + cos(8*x)/16 + (4*cos(9*x))/81 + cos(10*x)/25 + sin(2*x) + (4*sin(3*x))/9 + sin(4*x)/4 + (4*sin(5*x))/25 + sin(6*x)/9 + (4*sin(7*x))/49 + sin(8*x)/16 + (4*sin(9*x))/81 + sin(10*x)/25 + 4*cos(x) + 4*sin(x) + (4*pi^2)/3
```

4.5.3 级数求和

无穷级数是研究有次序的可数或者无穷个数函数的和的收敛性及和的数值的方法，理论以数项级数为基础，数项级数有发散性和收敛性的区别。只有无穷级数收敛时有一个和，发散的无穷级数没有和。

Matlab 提供了 symsum 命令进行级数求和运算。

命令形式：symsum(f,x,a,b)

功能：求通项表达式 f 的级数和。

说明：f 为求和级数的通项表达式；x 为函数 f 的自变量；a，b 为自变量取值范围的下限和上限，a，b 通常为整数。

【例 4-35】求 $\sum_{n=0}^{100} n^3$。

✪Matlab 程序

```
syms n
f=n^3;symsum(f,n,0,100)
```

✪程序运行结果

```
ans =
25502500
```

【例 4-36】求 $\sum_{n=0}^{\infty} \frac{x^{2n+1}}{(2n+1)!}$。

✪Matlab 程序

```
syms x n
f=x^(2*n+1)/factorial(2*n+1);symsum(f,n,0,inf)
```

✪程序运行结果

```
ans =
sinh(x)
```

4.6 积分变换

积分变换是通过参变量积分将一个已知函数变为另一个函数，使函数的求解更为简单。它在数学理论或其应用中都是一种非常有用的工具。最重要的积分变换有傅里叶变换、拉普拉斯变换。

4.6.1 傅里叶变换

Matlab 提供了 fourier 命令进行傅里叶变换，具体的命令形式如表 4-5 所示。

表 4-5 fourier 命令形式

命令	功能	说明
fourier(f)	返回函数 f 的傅里叶变换	求 $F(w)=\int_{-\infty}^{\infty} f(x)\mathrm{e}^{-\mathrm{i}wx}\mathrm{d}x$，$f$ 的默认变量为 x，返回结果以 w 为默认变量
fourier(f,v)	返回函数 f 关于指定变量 v 的傅里叶变换	求 $F(v)=\int_{-\infty}^{\infty} f(x)\mathrm{e}^{-\mathrm{i}vx}\mathrm{d}x$，$f$ 的默认变量为 x，返回结果以 v 为指定变量
fourier(f,u,v)	返回函数 f 关于指定变量 v 的傅里叶变换	求 $F(v)=\int_{-\infty}^{\infty} f(u)\mathrm{e}^{-\mathrm{i}vu}\mathrm{d}u$，$f$ 的指定变量为 u，返回结果以 v 为指定变量

【例 4-37】计算 $f(x)=\mathrm{e}^{-x^2}$ 的傅里叶变换。

✪Matlab 程序

```
syms x v
f=exp(-x^2);r1=fourier(f),r2=fourier(f,v)
```

✪程序运行结果

```
r1 =
pi^(1/2)*exp(-w^2/4)
r2 =
pi^(1/2)*exp(-v^2/4)
```

【例 4-38】计算 $f(t)=\mathrm{e}^{-x^2-t^2}$ 的傅里叶变换。

✪Matlab 程序

```
syms x t v
f=exp(-x^2-t^2);fourier(f,t,v)
```

✪程序运行结果

```
ans =
pi^(1/2)*exp(- v^2/4 - x^2)
```

4.6.2 傅里叶逆变换

Matlab 提供了 ifourier 命令进行傅里叶逆变换，具体的命令形式如表 4-6 所示。

表 4-6 ifourier 命令形式

命令	功能	说明
ifourier(F)	返回函数 F 的傅里叶逆变换	求 $f(x)=\frac{1}{2\pi}\int_{-\infty}^{\infty}F(w)\mathrm{e}^{\mathrm{i}wx}\mathrm{d}w$，$F$ 的默认变量为 w，返回结果以 x 为默认变量
ifourier(F,v)	返回函数 F 关于指定变量 v 的傅里叶逆变换	求 $f(v)=\frac{1}{2\pi}\int_{-\infty}^{\infty}F(w)\mathrm{e}^{\mathrm{i}wv}\mathrm{d}w$，$F$ 的默认变量为 w，返回结果以 v 为指定变量
fourier(F,u,v)	返回函数 F 关于指定变量 v 的傅里叶逆变换	求 $f(v)=\frac{1}{2\pi}\int_{-\infty}^{\infty}F(u)\mathrm{e}^{\mathrm{i}uv}\mathrm{d}u$，$F$ 的指定变量为 u，返回结果以 v 为指定变量

【例 4-39】计算 $F(w)=\mathrm{e}^{-\frac{w^2}{4}}$ 的傅里叶逆变换。

✪Matlab 程序

```
syms w t
F=exp(-w^2/4);r1=ifourier(F),r2=ifourier(F,t)
```

✪程序运行结果

```
r1 =
exp(-x^2)/pi^(1/2)
r2 =
exp(-t^2)/pi^(1/2)
```

【例 4-40】计算 $F(u)=2\mathrm{e}^{-w|u|}-1$ 的傅里叶逆变换。

✪Matlab 程序

```
syms w u v
F=2*exp(-w*abs(v))-1;ifourier(F,u,v)
```

✪程序运行结果

```
ans =
dirac(v)*(2*exp(-w*abs(v)) - 1)
```

4.6.3 拉普拉斯变换

Matlab 提供了 laplace 命令进行拉普拉斯变换，具体的命令形式如表 4-7 所示。

表 4-7 laplace 命令形式

命令	功能	说明
laplace(F)	返回函数 F 的拉普拉斯变换	求 $L(s)=\int_0^{\infty}F(t)\mathrm{e}^{-st}\mathrm{d}t$，$F$ 的默认变量为 t，返回结果以 s 为默认变量
laplace(F,v)	返回函数 F 关于指定变量 v 的拉普拉斯变换	求 $L(v)=\int_0^{\infty}F(t)\mathrm{e}^{-vt}\mathrm{d}t$，$F$ 的默认变量为 t，返回结果以 v 为指定变量
laplace(F,u,v)	返回函数 F 关于指定变量 v 的拉普拉斯变换	求 $L(v)=\int_0^{\infty}F(u)\mathrm{e}^{-vu}\mathrm{d}u$，$F$ 的指定变量为 u，返回结果以 v 为指定变量

【例 4-41】 计算 $F(t)=t^4$ 的拉普拉斯变换。

✪Matlab 程序

```
syms t
F=t^4;r1=laplace(F),r2=laplace(F,x)
```

✪程序运行结果

```
r1 =
24/s^5
r2 =
24/x^5
```

【例 4-42】 计算 $F(x)=a\mathrm{e}^x$ 的拉普拉斯变换。

✪Matlab 程序

```
syms a x v
F=a*exp(x);laplace(F,x,v)
```

✪程序运行结果

```
ans =
a/(v - 1)
```

4.6.4 拉普拉斯逆变换

Matlab 提供了 ilaplace 命令进行拉普拉斯逆变换，具体的命令形式如表 4-8 所示。

表 4-8 ilaplace 命令形式

命令	功能	说明
ilaplace(L)	返回函数 L 的拉普拉斯逆变换	求 $F(t)=\int_{c-iw}^{c+iw}L(s)\mathrm{e}^{st}\mathrm{d}s$，$L$ 的默认变量为 s，返回结果以 t 为默认变量
ilaplace(L,v)	返回函数 L 关于指定变量 v 的拉普拉斯逆变换	求 $F(v)=\int_{c-iw}^{c+iw}L(s)\mathrm{e}^{sv}\mathrm{d}s$，$L$ 的默认变量为 s，返回结果以 v 为指定变量
ilaplace(L,u,v)	返回函数 L 关于指定变量 v 的拉普拉斯逆变换	求 $F(v)=\int_{c-iw}^{c+iw}L(u)\mathrm{e}^{uv}\mathrm{d}u$，$L$ 的指定变量为 u，返回结果以 v 为指定变量

【例 4-43】计算 $L(s)=\frac{1}{s^2}$ 的拉普拉斯逆变换。

✪Matlab 程序

```
syms s x
L=1/s^2;r1=ilaplace(L),r2=ilaplace(L,x)
```

✪程序运行结果

```
r1 =
t
r2 =
x
```

【例 4-44】计算 $L(u)=\frac{1}{u^2-a^2}$ 的拉普拉斯逆变换。

✪Matlab 程序

```
syms u a x
L=1/(u^2-a^2);ilaplace(L,u,x)
```

✪程序运行结果

```
ans =
exp(a*x)/(2*a) - exp(-a*x)/(2*a)
```

第5章
Matlab线性代数运算

线性代数是数学的一个分支，它的研究对象是向量、向量空间（线性空间）、线性变换和有限维的线性方程组。线性代数可以简明凝练而准确地描述和求解问题，在工程技术和国民经济的许多领域都有着广泛的应用。本章内容包括多项式的表达和运算、矩阵的基本运算、线性方程组求解及线性规划和二次规划问题求解。

5.1 多项式的表达和运算

5.1.1 多项式的表达

一元 n 次多项式的一般表达形式为：

$$f(x) = a_n x^n + a_{n-1} x^{n-1} + a_{n-2} x^{n-2} + \cdots + a_1 x + a_0 \qquad (5\text{-}1)$$

在 Matlab 中，用多项式系数组成的行向量来创建多项式。

命令形式：$P = [an, an1, an2, \cdots, a1, a0]$

功能：创建多项式 P。

说明：“$an, an1, an2, \cdots, a1, a0$”分别为多项式的 n 次项，（n–1）次项，（n–2）次项，……，1 次项和常数项的系数，如果多项式有缺项，系数向量相应位置应用 0 补足；可以通过 poly2sym(p) 将多项式的系数向量形式转化为（符号）函数表达式形式。

【例 5-1】 创建多项式 $x^5 + 3x^4 + 2x^3 + x - 5$（用系数向量表示），并进一步输出多项式的函数表达式形式。

✪Matlab 程序

```
p=[1,3,2,0,1,-5]
ps=poly2sym(p)
```

✪程序运行结果

```
p =
     1     3     2     0     1    -5
ps =
x^5 + 3*x^4 + 2*x^3 + x - 5
```

5.1.2 多项式的运算

（1）多项式的四则运算

① 多项式的加法

命令形式：p1+p2

功能：求多项式 p_1 与多项式 p_2 的和。

② 多项式的减法

命令形式：p1−p2

功能：求多项式 p_1 与多项式 p_2 的差。

③ 多项式的乘法

命令形式：conv(p1,p2)

功能：求多项式 p_1 与多项式 p_2 的乘积。

④ 多项式的除法

命令形式：[q,r]=deconv(p1,p2)

功能：求多项式 p_1 与多项式 p_2 的商和余式。

说明：q 为返回的商，r 为返回的余式。

【例 5-2】 求多项式 $6x^5-9x^4+7x^2-20x+3$ 与多项式 $2x^2-x-5$ 的四则运算结果。

✪Matlab 程序

```
p1=[6,-9,0,7,-20,3];p2=[0,0,0,2,-1,-5];p22=[2,-1,-5];
s=p1+p2,d=p1-p2,c=conv(p1,p2),[q,r]=deconv(p1,p22)
```

✪程序运行结果

```
s =
     6    -9     0     9   -21    -2
d =
     6    -9     0     5   -19     8
c =
     0     0     0    12   -24   -21    59   -47    -9    97   -15
q =
     3    -3     6    -1
r =
     0     0     0     0     9    -2
```

（2）多项式的求值

命令形式：polyval(p,a)

功能：求多项式 p 的变量在 a 处的值。

说明：a 可以为一个数值、向量或矩阵，返回结果同样为一个数值、向量或矩阵。

【例 5-3】 求多项式 $p = x^3 - 2x + 4$ 在 $x = 2$ 及 $x = [-5\quad 4\quad 13\quad 22\quad 36\quad 69]$ 时的值。

✪Matlab 程序

```
p=[1,0,-2,4];x1=2;x2=[-5,4,13,22,36,69];
y1=polyval(p,x1),y2=polyval(p,x2)
```

✪程序运行结果

```
y1 =
     8
y2 =
       -111          60        2175       10608       46588      328375
```

（3）多项式的求导

命令形式：polyder(p)

功能：求多项式 p 的导数。

【例 5-4】 求多项式 $p = 6x^4 - 2x^2 + 3x - 5$ 的导数。

✪Matlab 程序

```
p=[6,0,-2,3,-5];polyder(p)
```

✪程序运行结果

```
ans =
    24     0    -4     3
```

（4）多项式方程的求根

命令形式：roots(p)

功能：求多项式方程 p=0 的所有根。

【例 5-5】 分别求方程 $4x^2 + 8x + 3 = 0$ 及方程 $x^5 + 2x^3 + 3x + 4 = 0$ 的根。

✪Matlab 程序

```
p1=[4,8,3];p2=[1,0,2,0,3,4];
x1=roots(p1),x2=roots(p2)
```

✪程序运行结果

```
x1 =
   -1.5000
   -0.5000
x2 =
   0.8950 + 1.1218i
   0.8950 - 1.1218i
  -0.4815 + 1.4548i
  -0.4815 - 1.4548i
  -0.8271 + 0.0000i
```

5.2 矩阵的基本运算

Matlab 提供了矩阵的基本运算命令，具体的命令形式如表 5-1 所示。

表 5-1 矩阵的基本运算命令

命令	功能	说明
A±B	矩阵的加法或减法	$\boldsymbol{A}$，$\boldsymbol{B}$ 为同型矩阵
k*A	矩阵的数乘	k 为一个数，$\boldsymbol{A}$ 为矩阵
A*B	矩阵的乘法	矩阵 $\boldsymbol{A}$ 的列数与矩阵 $\boldsymbol{B}$ 的行数相等
A\B 或 A^(-1)*B	矩阵的左除	求 $\boldsymbol{A}^{-1}*\boldsymbol{B}$，$\boldsymbol{A}$ 为方阵
A/B 或 A*B^(-1)	矩阵的右除	求 $\boldsymbol{A}*\boldsymbol{B}^{-1}$，$\boldsymbol{B}$ 为方阵
A^n	矩阵的乘幂	$\boldsymbol{A}$ 为方阵
det(A)	矩阵的行列式	求$\|\boldsymbol{A}\|$，$\boldsymbol{A}$ 为方阵
inv(A)或 A^(-1)	矩阵的逆	求 $\boldsymbol{A}^{-1}$，$\boldsymbol{A}$ 为方阵
A'或 transpose(A)	矩阵的转置	求 $\boldsymbol{A}^{\mathrm{T}}$
rank(A)	矩阵的秩	求 $r(\boldsymbol{A})$
rref(A)	矩阵的初等行变换	变换后的矩阵与原矩阵等价
poly(A)	矩阵的特征多项式	$\boldsymbol{A}$ 为方阵
[V,D]=eig(A)	矩阵的特征向量和特征值	$\boldsymbol{A}$ 为方阵

【例 5-6】 已知矩阵 $\boldsymbol{A}=\begin{bmatrix}3 & -5 & 1\\0 & 2 & 3\\16 & 0 & 9\end{bmatrix}$，$\boldsymbol{B}=\begin{bmatrix}0 & 4 & 1\\1 & -2 & 2\\-5 & 1 & 6\end{bmatrix}$，分别求 $\boldsymbol{A}+\boldsymbol{B}$，$\boldsymbol{A}-\boldsymbol{B}$，$5*\boldsymbol{A}$，$\boldsymbol{A}*\boldsymbol{B}$，$\boldsymbol{A}\backslash\boldsymbol{B}$，$\boldsymbol{A}/\boldsymbol{B}$ 和 $\boldsymbol{A}$^3。

✪Matlab 程序

```
A=[3,-5,1;0,2,3;16,0,9];B=[0,4,1;1,-2,2;-5,1,6];
r1=A+B,r2=A-B,r3=5*A,r4=A*B,r5=A\B,r6=A/B,r7=A^3
```

✪程序运行结果

```
r1 =
     3    -1     2
     1     0     5
    11     1    15
r2 =
     3    -9     0
    -1     4     1
    21    -1     3
r3 =
    15   -25     5
```

```
     0    10    15
    80     0    45
r4 =
   -10    23    -1
   -13    -1    22
   -45    73    70
r5 =
   -0.5963    0.1606   -0.0275
   -0.2569   -0.7385   -0.0734
    0.5046   -0.1743    0.7156
r6 =
   -0.3973    1.5616   -0.2877
    0.8082    0.6849    0.1370
    4.1781    7.5068   -1.6986
r7 =
          27        -175          -77
         672        -232          357
        2128       -1120          825
```

【例 5-7】 求$\begin{vmatrix}1 & 1 & 1\\2 & 3 & 4\\4 & 9 & 16\end{vmatrix}$。

✪Matlab 程序

```
A=[1,1,1;2,3,4;4,9,16];det(A)
```

✪程序运行结果

```
ans =
    2.0000
```

【例 5-8】 求矩阵$\begin{bmatrix}0 & -2\\1 & 4\end{bmatrix}$的逆。

✪Matlab 程序

```
A=[0,-2;1,4];inv(A)
```

✪程序运行结果

```
ans =
    2.0000    1.0000
   -0.5000         0
```

【例 5-9】 求矩阵$\begin{bmatrix}1 & 2 & 3 & 4\\2 & 3 & 4 & 5\\3 & 4 & 5 & 6\end{bmatrix}$的转置。

✪Matlab 程序

```
A=[1,2,3,4;2,3,4,5;3,4,5,6];A'
```

✪程序运行结果

```
ans =
     1     2     3
     2     3     4
     3     4     5
     4     5     6
```

【例 5-10】求矩阵$\begin{bmatrix} 4 & 1 & 2 & 4 \\ 1 & 2 & 0 & 4 \\ 10 & 5 & 2 & 0 \\ 0 & 1 & 1 & 7 \end{bmatrix}$的秩与初等行变换。

✪Matlab 程序

```
A=[4,1,2,4;1,2,0,2;10,5,2,0;0,1,1,7];r1=rank(A),r2=rref(A)
```

✪程序运行结果

```
r1 =
     3
r2 =
     1     0     0    -2
     0     1     0     2
     0     0     1     5
     0     0     0     0
```

【例 5-11】求矩阵$\begin{bmatrix} 1 & 2 & 4 \\ 2 & 2 & -1 \\ 4 & -1 & 3 \end{bmatrix}$的特征多项式、特征向量和特征值。

✪Matlab 程序

```
A=[1,2,4;2,2,-1;4,-1,3];r1=poly(A);r=poly2sym(r1),[V,D]=eig(A)
```

✪程序运行结果

```
r =
x^3 - 6*x^2 - 10*x + 55
V =
    0.7348    0.2362   -0.6359
   -0.3979    0.9093   -0.1220
   -0.5494   -0.3427   -0.7621
D =
   -3.0739         0         0
```

```
        0    2.8964         0
        0         0    6.1775
```

5.3 线性方程组求解

5.3.1 求逆法

命令形式：x= inv(A)*C

功能：求解线性方程组 $\boldsymbol{Ax}=\boldsymbol{C}$ 。

说明：$\boldsymbol{A}$ 为线性方程组的系数矩阵，且为可逆方阵；$\boldsymbol{C}$ 为列向量。

类似地，利用求逆法（inv 命令）可以求解矩阵方程 $\boldsymbol{xB}=\boldsymbol{C}$ ，命令形式为：x= C*inv(B)；也可以求解矩阵方程 $\boldsymbol{AxB}=\boldsymbol{C}$ ，命令形式为：x= inv(A)*C*inv(B)。

【例 5-12】求线性方程组$\begin{cases} x_1+x_2+x_3+x_4=5 \\ x_1+2x_2-x_3+4x_4=-2 \\ 2x_1-3x_2-x_3-5x_4=-2 \\ 3x_1+x_2+2x_3+11x_4=0 \end{cases}$的解。

✪Matlab 程序

```
A=[1,1,1,1;1,2,-1,4;2,-3,-1,-5;3,1,2,11];C=[5;-2;-2;0];x=inv(A)*C
```

✪程序运行结果

```
x =
    1.0000
    2.0000
    3.0000
   -1.0000
```

【例 5-13】求解矩阵方程 $\boldsymbol{X}\begin{bmatrix} 2 & 1 & -1 \\ 2 & 1 & 0 \\ 1 & -1 & 1 \end{bmatrix}=\begin{bmatrix} 1 & -1 & 3 \\ 4 & 3 & 2 \end{bmatrix}$。

✪Matlab 程序

```
B=[2,1,-1;2,1,0;1,-1,1];C=[1,-1,3;4,3,2];x=C*inv(B)
```

✪程序运行结果

```
x =
   -2.0000    2.0000    1.0000
   -2.6667    5.0000   -0.6667
```

【例 5-14】求解矩阵方程$\begin{bmatrix} 1 & 4 \\ -1 & 2 \end{bmatrix}\boldsymbol{X}\begin{bmatrix} 2 & 0 \\ -1 & 1 \end{bmatrix}=\begin{bmatrix} 3 & 1 \\ 0 & -1 \end{bmatrix}$。

✪Matlab 程序

```
A=[1,4;-1,2];B=[2,0;-1,1];C=[3,1;0,-1];x=inv(A)*C*inv(B)
```

✪程序运行结果

```
x =
    1.0000    1.0000
    0.2500         0
```

5.3.2　初等变换法

初等变换法也称高斯消元法，初等变换法求解线性方程组主要包括两步：第一步，利用 rref 命令求出线性方程组系数矩阵或增广矩阵的初等行变换结果；第二步，根据初等行变换结果整理线性方程组的通解。

（1）命令形式 1：rref(A)

功能：求解齐次线性方程组 $\boldsymbol{Ax}=0$。

说明：$\boldsymbol{A}$ 为系数矩阵。

（2）命令形式 2：rref(B)

功能：求解非齐次线性方程组 $\boldsymbol{Ax}=\boldsymbol{C}$。

说明：$\boldsymbol{B}$ 为增广矩阵，$\boldsymbol{B}=[\boldsymbol{A},\boldsymbol{C}]$。

【例 5-15】求齐次线性方程组 $\begin{cases} x_1-8x_2+10x_3+2x_4=0 \\ 2x_1+4x_2+5x_3-x_4=0 \\ 3x_1+8x_2+6x_3-2x_4=0 \end{cases}$ 的解。

✪Matlab 程序

```
A=[1,-8,10,2;2,4,5,-1;3,8,6,-2];rref(A)
```

✪程序运行结果

```
ans =
    1.0000         0    4.0000         0
         0    1.0000   -0.7500   -0.2500
         0         0         0         0
```

✪结果整理

根据程序运行结果，可得：

$$\begin{cases} x_1=-4x_3 \\ x_2=0.75x_3+0.25x_4 \\ x_3=x_3 \\ x_4=x_4 \end{cases}$$

故该方程组的通解为：

$$\begin{pmatrix} x_1 \\ x_2 \\ x_3 \\ x_4 \end{pmatrix}=k_1\begin{pmatrix} -4 \\ 0.75 \\ 1 \\ 0 \end{pmatrix}+k_2\begin{pmatrix} 0 \\ 0.25 \\ 0 \\ 1 \end{pmatrix}$$

【例 5-16】求非齐次线性方程组$\begin{cases}4x_1+2x_2-x_3=2\\3x_1-x_2+2x_3=10\\11x_1+3x_2=8\end{cases}$的解。

✪Matlab 程序

```
A=[4,2,-1;3,-1,2;11,3,0];C=[2;10;8];B=[A,C];rref(B)
```

✪程序运行结果

```
ans =
    1.0000         0    0.3000         0
         0    1.0000   -1.1000         0
         0         0         0    1.0000
```

✪结果整理

根据程序运行结果，可得：

$$\boldsymbol{R}(\boldsymbol{A})\neq\boldsymbol{R}(\boldsymbol{B})$$

故方程组无解。

【例 5-17】求非齐次线性方程组$\begin{cases}2x+3y+z=4\\x-2y+4z=-5\\3x+8y-2z=13\\4x-y+9z=-6\end{cases}$的解。

✪Matlab 程序

```
A=[2,3,1;1,-2,4;3,8,-2;4,-1,9];C=[4;-5;13;-6];B=[A,C];rref(B)
```

✪程序运行结果

```
ans =
     1     0     2    -1
     0     1    -1     2
     0     0     0     0
     0     0     0     0
```

✪结果整理

根据程序运行结果，可得：

$$\begin{cases}x=-2z-1\\y=z+2\\z=z\end{cases}$$

故该方程组的通解为：

$$\begin{pmatrix}x\\y\\z\end{pmatrix}=k\begin{pmatrix}-2\\1\\1\end{pmatrix}+\begin{pmatrix}-1\\2\\0\end{pmatrix}$$

5.4 线性规划和二次规划问题求解

5.4.1 线性规划问题

线性规划问题，在数学中特指目标函数和约束条件皆为线性的最优化问题。它是数学的一个重要分支，在实践中有着广泛的应用。

Matlab 提供了 linprog 命令求解线性规划问题。

（1）命令形式 1：[x,fval]=linprog(c,A,b)

功能：解决如下形式的线性规划问题。

$$\min f = c'x$$

$$\text{s.t.} \quad \boldsymbol{A}\boldsymbol{x} \leqslant \boldsymbol{b}$$

说明：$\boldsymbol{c}$ 为价值向量；$\boldsymbol{c}'$为 $\boldsymbol{c}$ 的转置；$\boldsymbol{A}$ 为不等式约束矩阵；$\boldsymbol{b}$ 为不等式资源向量；x 为返回决策向量的取值；fval 为返回目标函数的最优值。

（2）命令形式 2：[x,fval]=linprog(c,A,b,A_eq,b_eq)

功能：解决如下形式的线性规划问题

$$\min f = c'x$$

$$\text{s.t.} \quad \begin{cases} \boldsymbol{A}x \leqslant \boldsymbol{b} \\ \boldsymbol{A}_{eq} \cdot x = \boldsymbol{b}_{eq} \end{cases}$$

说明：$\boldsymbol{A}_{\mathrm{eq}}$ 为等式约束矩阵；$\boldsymbol{b}_{\mathrm{eq}}$ 为等式资源向量；其他参数意义同上；如果没有不等式约束，则取 $\boldsymbol{A}$=[ ]，$\boldsymbol{b}$=[ ]，此时命令形式为：x=linprog(c,[ ],[ ],A_eq,b_eq)。

（3）命令形式 3：[x,fval]=linprog(c,A,b,A_eq,b_eq,lb,ub)

功能：解决如下形式的线性规划问题。

$$\min f = c'x$$

$$\text{s.t.} \quad \begin{cases} \boldsymbol{A}x \leqslant \boldsymbol{b} \\ \boldsymbol{A}_{eq} \cdot x = \boldsymbol{b}_{eq} \\ lb \leqslant x \leqslant ub \end{cases}$$

说明：lb 和 ub 为决策变量 x 的上界和下界；其他参数意义同上；如果没有不等式约束，则取 $\boldsymbol{A}_{\mathrm{eq}}$=[ ]，$\boldsymbol{b}_{\mathrm{eq}}$=[ ]，此时命令形式为：x=linprog(c,A,b,[ ],[ ],lb,ub)。

【例 5-18】求线性规划问题：

$$\min z = -2x_2 - 3x_2$$

$$\text{s.t.} \quad \begin{cases} x_1 + 2x_2 \leqslant 8 \\ 4x_1 \leqslant 16 \\ 4x_2 \leqslant 12 \\ x_1, x_2 \geqslant 0 \end{cases}$$

✪Matlab 程序

```
c=[-2 -3];A=[1 2;4 0;0 4];b=[8;16;12];lb=[0;0];[x,fval]=linprog(c,A,b,[ ],[ ],lb)
```

✪程序运行结果

```
Optimization terminated.
x =
    4.0000
    2.0000
fval =
  -14.0000
```

【例 5-19】求线性规划问题:

$$\max z = 2x_1 + 3x_2 - 5x_3$$

$$\text{s.t.} \begin{cases} x_1 + x_2 + x_3 = 7 \\ 2x_1 - 5x_2 + x_3 \geqslant 10 \\ x_1 + 3x_2 + x_3 \leqslant 12 \\ x_1, x_2, x_3 \geqslant 0 \end{cases}$$

✪Matlab 程序

```
f=[-2;-3;5];a=[-2,5,-1;1,3,1];b=[-10;12];aeq=[1,1,1];beq=7;
[x,y]=linprog(f,a,b,aeq,beq,zeros(3,1))
```

✪程序运行结果

```
Optimization terminated.
x =
    6.4286
    0.5714
    0.0000
y =
  -14.5714
```

5.4.2 二次规划问题

二次规划是非线性规划中一种特殊情形，它的目标函数是二次实函数，约束是线性的。由于二次规划问题比较简单，易于求解，某些非线性规划也可以转化为求解一系列二次规划问题，因此同时成为求解非线性规划的一个重要途径。

Matlab 提供了 quadprog 命令求解二次规划问题。

命令形式：[x,fval]=quadprog(H,c,A,b,A_eq,b_eq,lb,ub)

功能：解决二次规划问题。

$$\min f = \frac{1}{2}x'\boldsymbol{H}x + c'x$$

$$\text{s.t.}\begin{cases} \boldsymbol{A}x \leqslant \boldsymbol{b} \\ \boldsymbol{A}_{eq} \cdot x = \boldsymbol{b}_{eq} \\ lb \leqslant x \leqslant ub \end{cases}$$

说明：$\boldsymbol{x}'$为 $\boldsymbol{x}$ 的转置 $\boldsymbol{H}$ 为目标函数中二次项的系数矩阵，其他参数的意义与线性规划命令 linprog 中的同名参数相同。

【例 5-20】求线性规划问题：

$$\min f = \frac{1}{2}x_1{}^2 + x_2{}^2 - x_1x_2 - 2x_1 - 6x_2$$

$$\text{s.t.}\begin{cases} x_1 + x_2 \leqslant 2 \\ -x_1 + 2x_2 \leqslant 2 \\ 2x_1 + x_2 \leqslant 3 \\ x_1, x_2 \geqslant 0 \end{cases}$$

✪Matlab 程序

```
H=[1 -1;-1 2];c=[-2;-6];A=[1 1;-1 2;2 1];b=[2;2;3];lb=zeros(2,1);
[x,fval]=quadprog(H,c,A,b,[ ],[ ],lb)
```

✪程序运行结果

```
Minimum found that satisfies the constraints.
Optimization completed because the objective function is non-decreasing in
feasible directions, to within the default value of the optimality tolerance,
and constraints are satisfied to within the default value of the constraint tolerance.
x =
    0.6667
    1.3333
fval =
   -8.2222
```

第6章
Matlab数据分析

随着我国近些年来网络信息技术与云计算技术的快速发展，网络数据也在飞速增长，每一天都在产生庞大的数据量，这一现象标志着我国已经进入了大数据时代。在大数据时代背景下，需要对数据的隐藏价值进行充分挖掘和深度分析，以最大化地开发数据资料的功能与发挥数据的作用。数据分析的目的是利用数据来研究一个领域的具体实际问题，很多情况下数据分析是实际问题分析的重要组成部分，也是实际问题是否能得到完善解决的关键，故数据分析越来越受到人们的重视。数据分析的过程包括确定数据分析的目标、研究设计、收集数据、分析数据和解释结果。就 Matlab 在数据分析过程中的主要作用来说，主要体现在分析数据和解释结果的关键环节。本章内容包括数据拟合与回归、数据插值、数据预处理及数据预测效果评价。

6.1 数据拟合与回归

6.1.1 多项式拟合

Matlab 提供了 polyfit 命令进行一元多项式的拟合。

命令形式：P=polyfit(X,Y,N)

功能：对数据进行多项式拟合。

说明：***X***，***Y*** 为样本数据向量，应具有相同长度；*N* 为拟合多项式的最高次幂，应为正整数；***P*** 为拟合多项式的系数向量，按降幂排列。

【例 6-1】有如表 6-1 所示的一组实验数据，试分别求这组数据的 3 次、5 次和 7 次拟合多项式模型，并绘制拟合模型曲线。

表 6-1 实验数据

x	0	0.1	0.2	0.3	0.4	0.5	0.6	0.7	0.8	0.9	1.0
y	2.3	2.5	2.1	2.5	3.2	3.6	3.0	3.1	4.1	5.1	3.8

✪Matlab 程序

```
x=0:0.1:1;y=[2.3,2.5,2.1,2.5,3.2,3.6,3.0,3.1,4.1,5.1,3.8];
p3=polyfit(x,y,3),p5=polyfit(x,y,5),p7=polyfit(x,y,7)
x1=0:0.01:1;y3=polyval(p3,x1);y5=polyval(p5,x1);y7=polyval(p7,x1);
plot(x,y,'rp',x1,y3,'b-.',x1,y5,'k--',x1,y7,'c-')
legend('数据点','3 次拟合模型','5 次拟合模型','7 次拟合模型')
```

✪程序运行结果

```
p3 =
   -4.9728     8.1002   -1.2218     2.3524
p5 =
  -184.2949  445.0029 -375.8814  131.2609  -14.6243    2.4603
p7 =
   1.0e+03 *
    1.0563    -4.5980     7.6095    -6.0779     2.4241   -0.4399    0.0275    0.0023
```

程序运行图如图 6-1 所示。

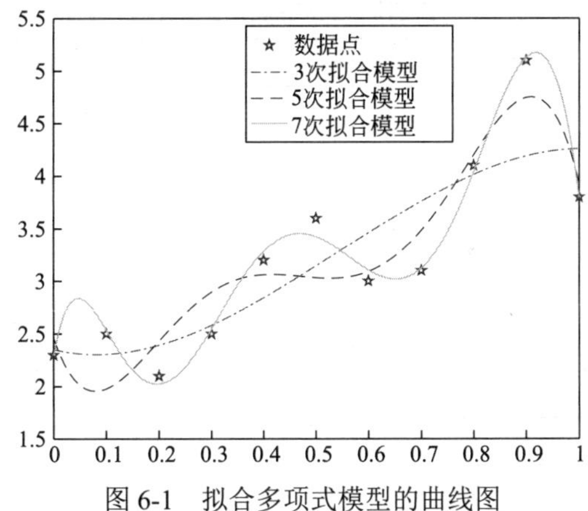

图 6-1 拟合多项式模型的曲线图

6.1.2 线性回归

Matlab 提供了 regress 命令进行一元线性回归和多元线性回归。

（1）命令形式 1：b=regress(Y,X)

功能：对数据进行线性回归。

说明：对于一元线性回归模型 $\boldsymbol{Y}=b_0+b_1x+\varepsilon[\varepsilon\in N(0,\sigma^2)]$，$\boldsymbol{X}=\begin{bmatrix}1 & x_1\\ 1 & x_2\\ \vdots & \vdots\\ 1 & x_n\end{bmatrix}$，$\boldsymbol{Y}=\begin{bmatrix}y_1\\ y_2\\ \vdots\\ y_n\end{bmatrix}$，

$\boldsymbol{b}=\begin{bmatrix} b_0 \\ b_1 \end{bmatrix}$；对于多元线性回归模型 $\boldsymbol{Y}_i = b_0 + b_1 x_{i1} + \cdots + b_m x_{im} + \varepsilon_i [\varepsilon_i \in N(0,\sigma^2), i=1,2,\cdots,n]$，

$$\boldsymbol{X}=\begin{bmatrix} 1 & x_{11} & \cdots & x_{m1} \\ 1 & x_{12} & \cdots & x_{m2} \\ \vdots & \vdots & \cdots & \vdots \\ 1 & x_{1n} & \cdots & x_{mn} \end{bmatrix},\ \boldsymbol{Y}=\begin{bmatrix} y_1 \\ y_2 \\ \vdots \\ y_n \end{bmatrix},\ \boldsymbol{b}=\begin{bmatrix} b_0 \\ b_1 \\ \vdots \\ b_m \end{bmatrix},\ \boldsymbol{\varepsilon}=\begin{bmatrix} \varepsilon_1 \\ \varepsilon_2 \\ \vdots \\ \varepsilon_n \end{bmatrix}。$$

（2）命令形式 2：[b,bint,r,rint,stats]=regress(Y,X,alpha)

功能：对数据进行线性回归。

说明：***X***，***Y*** 和 ***b*** 的参数意义同上；alpha 为显著性水平（缺省时为 0.05）； bint 为回归系数的置信区间；*r* 为残差，*r* 应接近零点；rint 为残差的置信区间，rint 应包含零点；stats 为用于检验回归模型的统计量，包含 4 个值：第 1 个值为决定系数 R^2，R^2 越接近于 1 说明回归模型线性关系越显著；第 2 个值为 F 值，$F > F_\alpha(1,n-2)$，则拒绝 H_0，F 越大说明回归模型线性关系越显著；第 3 个值为与 F 对应的概率 p，$p<\alpha$ 时，回归模型成功；第 4 个值为 s^2（剩余方差），s^2 越小，模型的精度越高。

【例 6-2】适量饮用葡萄酒可以预防心脏病。表 6-2 为 19 个发达国家一年的葡萄酒消耗量（每人从所喝葡萄酒中所摄取酒精量）以及一年中因心脏病死亡的人数（每 10 万人死亡人数）。试对数据进行线性回归，求出线性回归模型回归系数、置信区间（置信水平为 0.95）等相关参数。

表 6-2 葡萄酒和心脏病问题的调查数据

序号	国家	每人消耗葡萄酒所摄取的酒精量/L	心脏病死亡人数/(每 10 万人死亡人数)
1	澳大利亚	2.5	211
2	奥地利	3.9	167
3	比利时	2.9	131
4	加拿大	2.4	191
5	丹麦	2.9	220
6	芬兰	0.8	297
7	法国	9.1	71
8	冰岛	0.8	211
9	爱尔兰	0.7	300
10	意大利	7.9	107
11	荷兰	1.8	167
12	新西兰	1.9	266
13	挪威	0.8	277
14	西班牙	6.5	86
15	瑞典	1.6	207
16	瑞士	5.8	115
17	英国	1.3	285
18	美国	1.2	199
19	德国	2.7	172

✪Matlab 程序

```
x=[2.5,3.9,2.9,2.4,2.9,0.8,9.1,0.8,0.7,7.9,1.8,1.9,0.8,6.5,1.6,5.8,1.3,1.2,2.7];
y=[211,167,131,191,220,297,71,211,300,107,167,266,277,86,207,115,285,199,172];
X=[ones(19,1),x'];Y=y';alpha=0.05;
[b,bint,r,rint,stats]=regress(Y,X,alpha)
rcoplot(r,rint)   % 绘制回归分析的残差图
```

✪程序运行结果

```
b =
  266.1663
  -23.9506
bint =
  236.5365  295.7960
  -31.5691  -16.3321
r =
    4.7102
   -5.7590
  -65.7095
  -17.6848
   23.2905
   49.9942
   22.7841
  -36.0058
   50.5992
   30.0434
  -56.0552
   45.3399
   29.9942
  -24.4874
  -20.8453
  -12.2528
   49.9695
  -38.4255
  -29.4997
rint =
  -76.9222   86.3427
  -87.1868   75.6689
 -139.6933    8.2742
  -98.7716   63.4020
  -57.5426  104.1235
```

```
  -25.3498  125.3382
  -42.3678   87.9361
 -113.5597   41.5482
  -24.4427  125.6410
  -40.3481  100.4349
 -131.6273   19.5169
  -32.3194  122.9991
  -48.2749  108.2633
 -100.4325   51.4576
 -101.0864   59.3957
  -90.7779   66.2722
  -26.1912  126.1303
 -116.3034   39.4523
 -109.7261   50.7268
stats =
   1.0e+03 *
    0.0007    0.0440    0.0000    1.4783
```

程序运行图如图 6-2 所示。

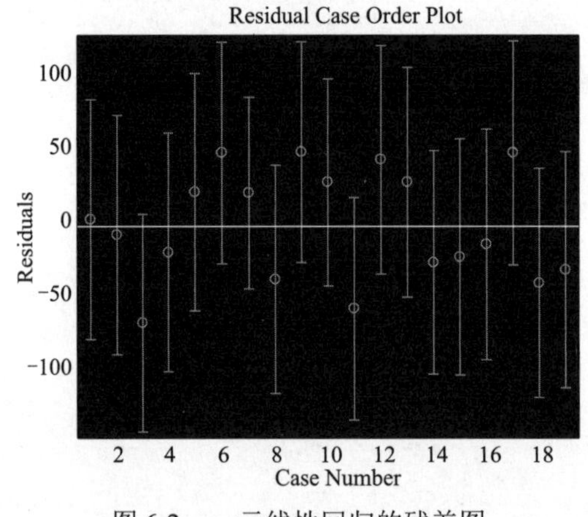

图 6-2 一元线性回归的残差图

✪结果分析

根据程序运行结果，可得：b_0=266.1663，b_1=−23.9506，b_0的（置信水平为 0.95 的）置信区间为(236.5365, 295.7960)，b_1的置信区间为(−31.5691, −16.3321)，R^2=0.7，F=44，p=0<0.05，s^2=1478.3；数据的残差都在零点附近，残差的置信区间都包含零点。故回归的一元线性模型可行。

【例 6-3】世界卫生组织推荐的“体质指数”BMI(body mass index)的定义为$\mathrm{BMI}=\dfrac{W}{H^2}$，其中 W 表示体重(单位：kg)，H 表示身高(单位：m)，显然它比体重本身更能反映人的胖瘦。测量并计算 30 个人的血压和体质指数，如表 6-3 所示，其中 0 表示不吸烟，1 表示吸烟。试建立血压与年龄、体质指数及吸烟习惯的线性模型，并对回归结果进行分析。

表 6-3 血压、年龄、体质指数和吸烟习惯的数据

序号	血压/mmHg	年龄	体质指数	吸烟习惯	序号	血压/mmHg	年龄	体质指数	吸烟习惯
1	144	39	24.2	0	16	130	48	22.2	1
2	215	47	31.1	1	17	135	45	27.4	0
3	138	45	22.6	0	18	114	18	18.8	0
4	145	47	24.0	1	19	116	20	22.6	0
5	162	65	25.9	1	20	124	19	21.5	0
6	142	46	25.1	0	21	136	36	25.0	0
7	170	67	29.5	1	22	142	50	26.2	1
8	124	42	19.7	0	23	120	39	23.5	0
9	158	67	27.2	1	24	120	21	20.3	0
10	154	56	19.3	0	25	160	44	27.1	1
11	162	64	28.0	1	26	158	53	28.6	1
12	150	56	25.8	0	27	144	63	28.3	0
13	140	59	27.3	0	28	130	29	22.0	1
14	110	34	20.1	0	29	125	25	25.3	0
15	128	42	21.7	0	30	175	69	27.4	1

✪Matlab 程序

```
y=[144,215,138,145,162,142,170,124,158,154,162,150,140,110,128,130,135,...
114,116,124,136,142,120,120,160,158,144,130,125,175];
x1=[39,47,45,47,65,46,67,42,67,56,64,56,59,34,42,48,45,18,20,19,36,50,...
39,21,44,53,63,29,25,69];
x2=[24.2,31.1,22.6,24,25.9,25.1,29.5,19.7,27.2,19.3,28,25.8,27.3,20.1,...
21.7,22.2,27.4,18.8,22.6,21.5,25,26.2,23.5,20.3,27.1,28.6,28.3,22,25.3,27.4];
x3=[0,1,0,1,1,0,1,0,1,0,1,0,0,0,0,1,0,0,0,0,0,1,0,0,1,1,0,1,0,1];
n=30;X=[ones(n,1),x1',x2',x3'];Y=y';
[b,bint,r,rint,stats]=regress(Y,X)
rcoplot(r,rint)
```

✪程序运行结果

```
b =
   45.3636
    0.3604
    3.0906
   11.8246
bint =
    3.5537   87.1736
   -0.0758    0.7965
    1.0530    5.1281
   -0.1482   23.7973
```

```
r =
    9.7907
   44.7583
    6.5734
   -3.2986
    1.3429
    2.4867
   -2.5039
    2.6172
   -7.3956
   28.8084
   -4.7870
    4.7197
  -10.9972
   -9.7362
    0.4360
  -13.0960
  -11.2613
    4.0473
   -6.4176
    5.3424
    0.3993
  -14.1789
  -12.0459
    4.3303
    3.2017
   -6.6774
  -11.5292
   -5.6311
   -7.5639
    8.2656
rint =
  -16.4213   36.0027
   29.9897   59.5270
  -19.6541   32.8010
  -29.0461   22.4489
  -24.2240   26.9097
  -23.8618   28.8352
  -28.0322   23.0244
  -22.6904   27.9247
```

```
  -32.8977   18.1065
    9.3256   48.2912
  -30.6341   21.0602
  -20.9689   30.4083
  -35.7743   13.7799
  -35.3965   15.9242
  -25.8545   26.7266
  -37.4225   11.2306
  -36.3102   13.7877
  -20.8367   28.9313
  -31.6655   18.8302
  -19.9957   30.6804
  -25.8085   26.6071
  -39.6726   11.3147
  -38.1700   14.0781
  -21.2005   29.8612
  -22.4580   28.8614
  -32.3524   18.9976
  -35.5237   12.4653
  -29.5809   18.3188
  -32.3037   17.1759
  -17.0287   33.5598
stats =
    0.6855   18.8906    0.0000  169.7917
```

程序运行图如图 6-3 所示。

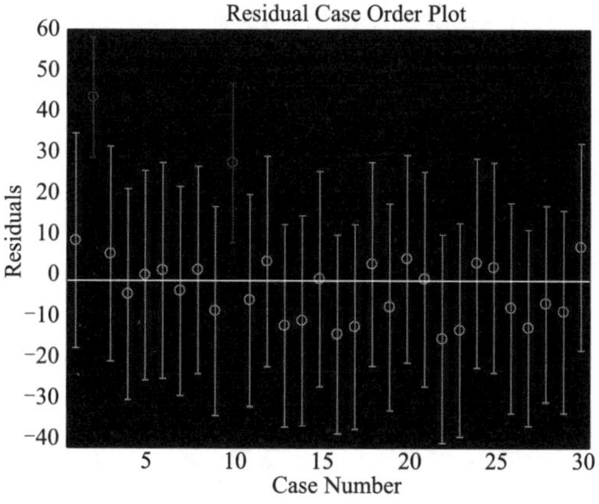

图 6-3　第 1 次多元线性回归的残差图

✪结果分析

根据程序运行结果，可得：b_0=45.3636，b_1=0.3604，b_2=3.0906，b_3=11.8246，b_0 的置信

区间为(3.5537, 87.1736)，b_1的置信区间为(-0.0758, 0.7965)，b_2的置信区间为(1.0530, 5.1281)，b_3的置信区间为(-0.1482, 23.7973)，R^2=0.6855，F=18.8906，p=0<0.05，s^2=169.7917；第 2 和第 10 个数据为异常数据点，应剔除后重新回归模型。第 2 次多元线性回归的 Matlab 程序、程序结果和结果分析如下。

✪Matlab 程序

```
y=[144,138,145,162,142,170,124,158,162,150,140,110,128,130,135,114,116,124,136,142,120,120,160,158,144,130,125,175];
x1=[39,45,47,65,46,67,42,67,56,64,59,34,42,48,45,18,20,19,36,50,39,21,44,53,63,29,25,69];
x2=[24.2,22.6,24,25.9,25.1,29.5,19.7,27.2,28,25.8,27.3,20.1,21.7,22.2,27.4,18.8,22.6,21.5,25,26.2,23.5,20.3,27.1,28.6,28.3,22,25.3,27.4];
x3=[0,0,1,1,0,1,0,1,1,0,0,0,0,1,0,0,0,0,0,1,0,0,1,1,0,1,0,1];
n=28;X=[ones(n,1),x1',x2',x3'];Y=y';
[b,bint,r,rint,stats]=regress(Y,X)
rcoplot(r,rint)
```

✪程序运行结果

```
b =
   58.2195
    0.4231
    2.3604
   10.8903
bint =
   30.1350   86.3040
    0.1361    0.7101
    0.9073    3.8135
    4.1756   17.6051
r =
   12.1567
    7.3947
   -0.6464
    4.2527
    5.0705
    2.9089
    1.5093
   -3.6621
    3.1038
    3.8022
   -7.6229
  -10.0500
```

```
    0.7884
  -11.8208
   -6.9353
    3.7884
   -4.0275
    6.9921
    3.5377
  -10.1087
  -10.1910
    4.9784
    8.3056
   -1.0431
   -7.6758
   -3.3096
   -3.5162
   12.0196
rint =
   -1.7180   26.0314
   -6.8288   21.6182
  -15.0551   13.7623
   -9.8102   18.3156
   -9.5169   19.6579
  -11.1808   16.9987
  -11.9237   14.9423
  -17.8759   10.5517
  -11.2545   17.4621
   -9.8234   17.4278
  -21.3377    6.0920
  -23.6263    3.5264
  -13.6806   15.2575
  -24.6030    0.9614
  -20.6944    6.8237
  -10.0010   17.5778
  -18.0261    9.9712
   -6.8968   20.8810
  -10.9743   18.0497
  -24.0008    3.7834
  -24.3922    4.0102
   -9.1738   19.1306
   -5.2808   21.8919
```

```
   -15.1415   13.0553
   -20.9729    5.6214
   -16.7392   10.1201
   -16.9565    9.9242
    -1.2022   25.2414
stats =
     0.8493   45.0713    0.0000   52.5860
```

程序运行图如图 6-4 所示。

✪结果分析

根据程序运行结果，可得：b_0=58.2195，b_1=0.4231，b_2=2.3604，b_3=10.8903，b_0 的置信区间为(30.1350, 86.3040)，b_1 的置信区间为(0.1361, 0.7101)，b_2 的置信区间为(0.9073, 3.8135)，b_3 的置信区间为(4.1756, 17.6051)，R^2=0.8493，F=45.0713，p=0<0.05，s^2=52.586；数据的残差都在零点附近，残差的置信区间都包含零点。故回归的多元线性模型可行。

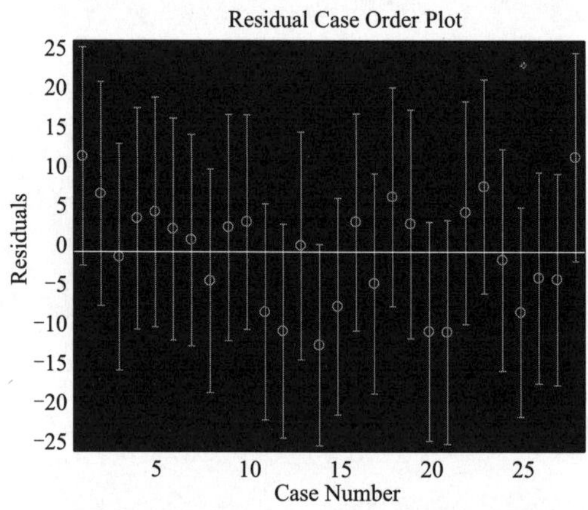

图 6-4 第 2 次多元线性回归的残差图

6.1.3 非线性回归

Matlab 提供了 nlinfit 命令进行自定义函数的非线性回归。

命令形式：[beta,r,J]=nlinfit(X,Y,'fun',beta0)

功能：自定义函数对数据进行非线性回归；

说明：X、Y 为样本数据；“fun”为自定义非线性模型的函数文件名；beta0 为回归系数 beta 的初值；beta 为非线性模型的回归系数；r、J 为预测误差估计参数，其中 r 为残差，J 为雅克比（Jacobian）矩阵，该两个参数可以省略。

【例 6-4】在化工生产中获得氯气的级分 y 随生产时间 x 下降，假定在 $x \geqslant 8$ 时，y 和 x 之间存在如下形式的非线性模型：

$$y = a + (0.49 - a)\mathrm{e}^{-b(x-8)}$$

现收集了 44 组数据，如表 6-4 所示。试利用该数据通过非线性回归确定出非线性模型中的待定常数。

表 6-4　氯气的级分数据

序号	x	y	序号	x	y	序号	x	y
1	8	0.49	16	16	0.43	31	28	0.41
2	8	0.49	17	18	0.46	32	28	0.40
3	10	0.48	18	18	0.45	33	30	0.40
4	10	0.47	19	20	0.42	34	30	0.40
5	10	0.48	20	20	0.42	35	30	0.38
6	10	0.47	21	20	0.43	36	32	0.41
7	12	0.46	22	20	0.41	37	32	0.40
8	12	0.46	23	22	0.41	38	34	0.40
9	12	0.45	24	22	0.40	39	36	0.41
10	12	0.43	25	24	0.42	40	36	0.36
11	14	0.45	26	24	0.40	41	38	0.40
12	14	0.43	27	24	0.40	42	38	0.40
13	14	0.43	28	26	0.41	43	40	0.36
14	16	0.44	29	26	0.40	44	42	0.39
15	16	0.43	30	26	0.41			

✪Matlab 程序

```
X=[8,8,10,10,10,10,12,12,12,14,14,14,16,16,16,18,18,20,20,20,20,22,22,24,...
24,24,26,26,26,28,28,30,30,30,32,32,34,36,36,38,38,40,42];
Y=[0.49,0.49,0.48,0.47,0.48,0.47,0.46,0.46,0.45,0.43,0.45,0.43,0.43,0.44,...
0.43,0.43,0.46,0.42,0.42,0.43,0.41,0.41,0.40,0.42,0.40,0.40,0.41,0.40,0.41,...
0.41,0.40,0.40,0.40,0.38,0.41,0.40,0.40,0.41,0.38,0.40,0.40,0.39,0.39];
beta0=[0.30,0.02];[beta]=nlinfit(X,Y,'zdjhs',beta0)
```

✪Matlab 函数程序

```
function y=zdjhs(beta0,x)
a=beta0(1);b=beta0(2);
y=a+(0.49-a)*exp(-b*(x-8));
```

✪程序运行结果

```
beta =
   0.3896    0.1011
```

6.2　数据插值

6.2.1　一维数据插值

Matlab 提供了 interp1 命令进行一维数据插值。

命令形式：yi = interp1(X,Y,xi,'method')

功能：用指定的算法计算一维数据插值。

说明：X、Y 为原始数据向量；x_i、y_i 为插值点，y_i 为在被插值点 x_i 处的插值结果；'method'

为采用的插值方法，包括最邻近插值（'nearest'）、线性插值（'linear'）、三次样条插值（'spline'）、三次卷积插值（'cubic'）等，缺省时为线性插值。

【例 6-5】对 $y=\dfrac{1}{(1+x^2)}(-5\leqslant x\leqslant 5)$，分别采用 11 个节点做最近邻插值、线性插值、三次样条插值和立方插值。

✪Matlab 程序

```
x0=-5:0.2:5;y0=1./(1+x0.^2);X=-5:5;Y=1./(1+X.^2);xi=-5:0.5:5;
yi1=interp1(X,Y,xi,'nearst');yi2=interp1(X,Y,xi,'linear');
yi3=interp1(X,Y,xi,'spline');yi4=interp1(X,Y,xi,'cubic');
subplot(2,2,1),plot(x0,y0,'r-',xi,yi1,'k-'),title('nearst')
subplot(2,2,2),plot(x0,y0,'r-',xi,yi2,'k-'),title('linear')
subplot(2,2,3),plot(x0,y0,'r-',xi,yi3,'k-'),title('spline')
subplot(2,2,4),plot(x0,y0,'r-',xi,yi4,'k-'),title('cubic')
```

✪程序运行结果

程序运行图如图 6-5 所示。

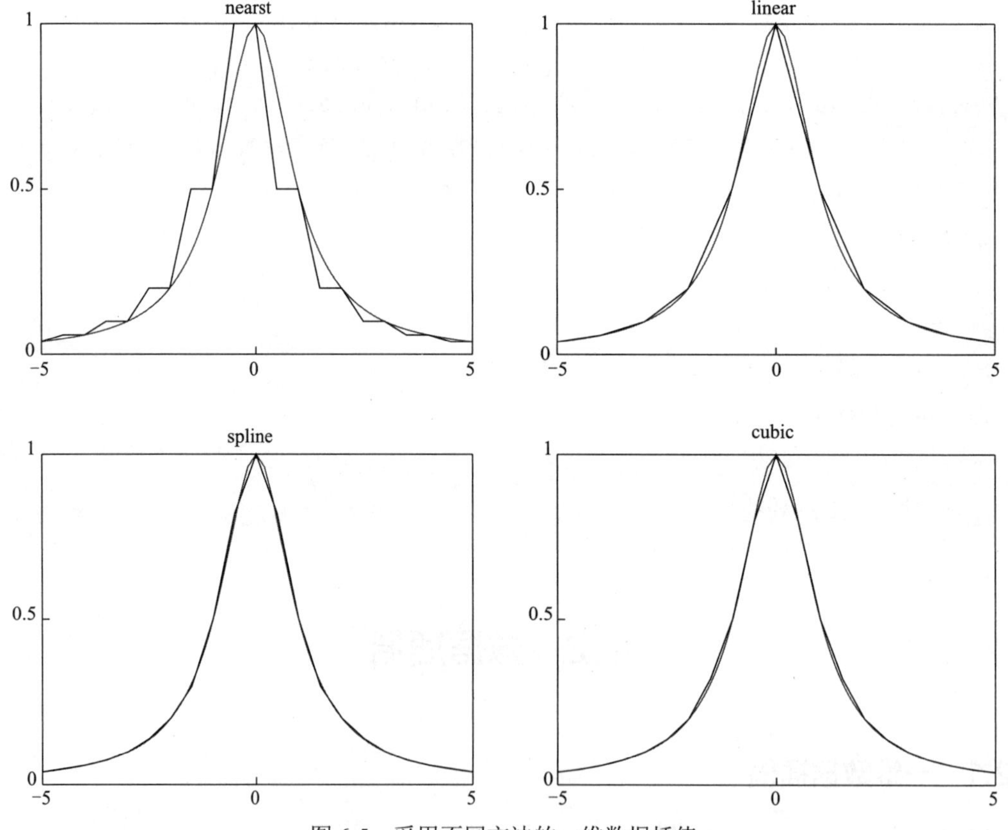

图 6-5　采用不同方法的一维数据插值

6.2.2　二维数据插值

Matlab 提供了 interp2 和 griddata 命令进行二维数据插值。

（1）interp2 命令

命令形式： zi = interp2(X,Y,Z,xi,yi,'method')

功能：用指定的算法计算二维数据插值。

说明：***X***、***Y***、***Z*** 为原始数据向量；x_i，y_i，z_i 为插值点，z_i 为在被插值点(x_i, y_i)处的插值结果；'method'为采用的插值方法，包括最邻近插值（'nearest'）、线性插值（'linear'）、三次样条插值（'spline'）、三次卷积插值（'cubic'）等，缺省时为线性插值。

适用范围：对规则的数据向量 ***X***、***Y***、***Z*** 进行插值。

（2）griddata 命令

命令形式： zi = griddata (X,Y,Z,xi,yi,'method')

功能：用指定的算法计算二维数据插值。

说明：***X***、***Y***、***Z*** 为原始数据向量；x_i、y_i、z_i 为插值点，z_i 为在被插值点(x_i, y_i)处的插值结果；'method'为采用的插值方法，包括最邻近插值（'nearest'）、线性插值（'linear'）、三次卷积插值（'cubic'）、v4 插值（'v4'）等，缺省时为线性插值。

适用范围：对不规则的数据向量 ***X***、***Y***、***Z*** 进行插值。

【例 6-6】 对 $z = x^2 + y^2 + 5(-5 \leqslant x \leqslant 5, -5 \leqslant y \leqslant 5)$，（使用 interp2 命令）分别做最近邻插值、线性插值、三次样条插值和三次卷积插值。

✪Matlab 程序

```
[X,Y]=meshgrid(-5:5,-5:5);Z=X.^2+Y.^2+5;[xi,yi]=meshgrid(-5:0.1:5,-5:0.1:5);
zi1=interp2(X,Y,Z,xi,yi,'nearest');zi2=interp2(X,Y,Z,xi,yi,'linear');
zi3=interp2(X,Y,Z,xi,yi,'spline');zi4=interp2(X,Y,Z,xi,yi,'cubic');
subplot(2,2,1),surf(xi,yi,zi1),title('nearst')
subplot(2,2,2),surf(xi,yi,zi2),title('linear')
subplot(2,2,3),surf(xi,yi,zi3),title('spline')
subplot(2,2,4),surf(xi,yi,zi4),title('cubic')
```

✪程序运行结果

程序运行图如图 6-6 所示。

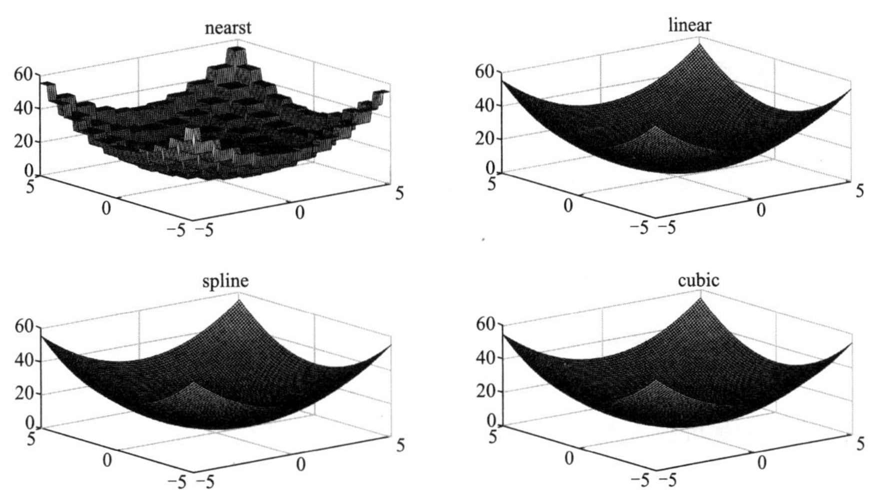

图 6-6 采用不同方法的二维数据插值（使用 interp2 命令）

【例 6-7】对 $z = xe^{-x^2-y^2}(-2 \leqslant x \leqslant 2, -2 \leqslant y \leqslant 2)$，（使用 griddata 命令）分别做最近邻插值、线性插值、三次卷积插值和 v4 插值。

✪Matlab 程序

```
X=rand(100,1)*4-2;Y=rand(100,1)*4-2;Z=X.*exp(-X.^2-Y.^2);
[xi,yi]=meshgrid(-2:0.1:2,-2:0.1:2);
zi1=griddata(X,Y,Z,xi,yi,'nearest');zi2=griddata(X,Y,Z,xi,yi,'linear');
zi3=griddata(X,Y,Z,xi,yi,'cubic');zi4=griddata(X,Y,Z,xi,yi,'v4');
subplot(2,2,1),surf(xi,yi,zi1),title('nearst')
subplot(2,2,2),surf(xi,yi,zi2),title('linear')
subplot(2,2,3),surf(xi,yi,zi3),title('cubic')
subplot(2,2,4),surf(xi,yi,zi4),title('v4')
```

✪程序运行结果

程序运行图如图 6-7 所示。

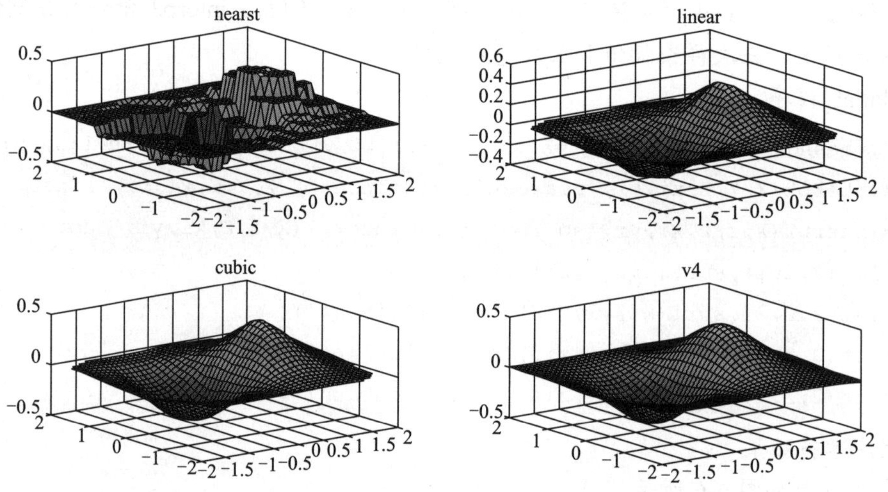

图 6-7 采用不同方法的二维数据插值（使用 griddata 命令）

6.2.3 三维数据插值

Matlab 提供了 interp3 命令进行三维数据插值。

命令形式：vi = interp3(X,Y,Z,V,xi,yi,zi,'method')

功能：用指定的算法计算三维数据插值。

说明：$\boldsymbol{X}$、$\boldsymbol{Y}$、$\boldsymbol{Z}$ 为原始数据向量；x_i、y_i、z_i 为插值点，v_i 为在被插值点(x_i, y_i, z_i)处的插值结果；'method'为采用的插值方法，包括最邻近插值（'nearest'）、线性插值（'linear'）、三次样条插值（'spline'）、三次卷积插值（'cubic'）等，缺省时为线性插值。

【例 6-8】对 $v = 2x^2 + y^2 + z^2(-3 \leqslant x \leqslant 3, -3 \leqslant y \leqslant 3, -3 \leqslant z \leqslant 3)$，分别做最近邻插值、线性插值、三次样条插值和三次卷积插值。

✪Matlab 程序

```
[X,Y,Z]=meshgrid(-3:3,-3:3,-3:3);V=2*X.^2+Y.^2+Z.^2;
```

```
[xi,yi,zi]=meshgrid(-3:0.1:3,-3:0.1:3,-3:0.1:3);
vi1=interp3(X,Y,Z,V,xi,yi,zi,'nearest');vi2=interp3(X,Y,Z,V,xi,yi,zi,'linear');
vi3=interp3(X,Y,Z,V,xi,yi,zi,'spline');vi4=interp3(X,Y,Z,V,xi,yi,zi,'cubic');
subplot(2,2,1),slice(xi,yi,zi,vi1,0,0,0),title('nearst'),colorbar
subplot(2,2,2),slice(xi,yi,zi,vi2,0,0,0),title('linear'),colorbar
subplot(2,2,3),slice(xi,yi,zi,vi3,0,0,0),title('spline'),colorbar
subplot(2,2,4),slice(xi,yi,zi,vi4,0,0,0),title('cubic'),colorbar
```

✪程序运行结果

程序运行图如图 6-8 所示。

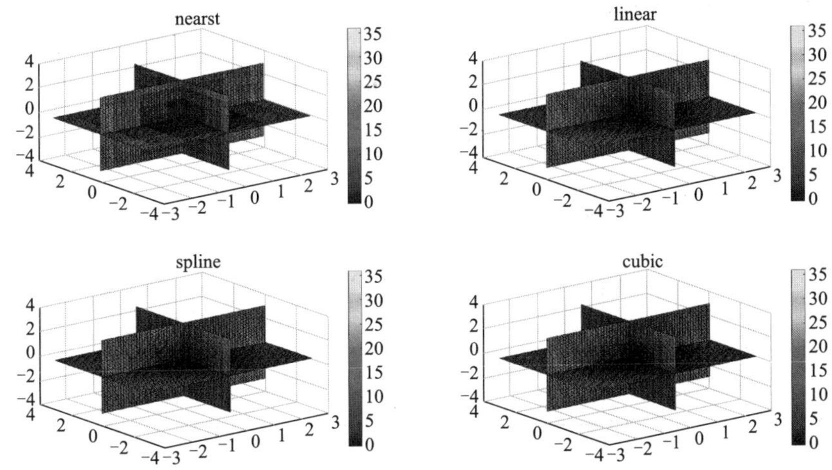

图 6-8 采用不同方法的三维数据插值

6.3 数据预处理

6.3.1 数据的平滑处理

Matlab 提供了 smooth 命令进行数据的平滑处理。

命令形式：yy=smooth(y,span,'method')

功能：对数据进行平滑处理。

说明：***y*** 为原始数据向量；span 为指定窗宽；'method'为指定平滑方法，包括低通滤波('moving')、线性最小二乘滤波（'lowess'）、加权的线性最小二乘滤波（'loess'）、Savitzky-Golay 滤波（'sgolay'）、稳健线性最小二乘滤波（'rlowess'），稳健加权线性最小二乘滤波（'rloess'）等，缺省时为低通滤波；***yy*** 为平滑处理后的数据向量。

【例 6-9】产生一列正弦波信号，加入噪声信号，然后调用 smooth 命令对加入噪声的正弦波平滑处理（滤波）。

✪Matlab 程序

```
t=linspace(0,2*pi,500)';y=100*sin(t);
```

```
noise=normrnd(0,15,500,1);  %产生 500 行 1 列的正态分布随机数作为噪声信号
y=y+noise; yy1=smooth(y,30,'loess');yy2=smooth(y,30,'sgolay');
figure(1),plot(t,y,'k:'),hold on,plot(t,yy1,'k-','linewidth',3)
xlabel('t'),ylabel('y'),title('loess'),xlim([0,2*pi])
legend('加噪波形','loess 方法平滑后波形')
figure(2),plot(t,y,'k:'),hold on,plot(t,yy2,'k-','linewidth',3)
xlabel('t'),ylabel('y'),title('sgolay'),xlim([0,2*pi])
legend('加噪波形','sgolay 方法平滑后波形')
```

✪程序运行结果

程序运行图如图 6-9 和图 6-10 所示。

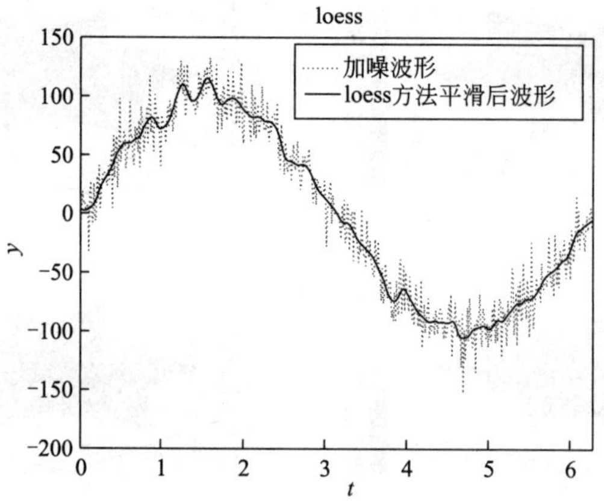

图 6-9　采用 loess 方法平滑处理后的波形图

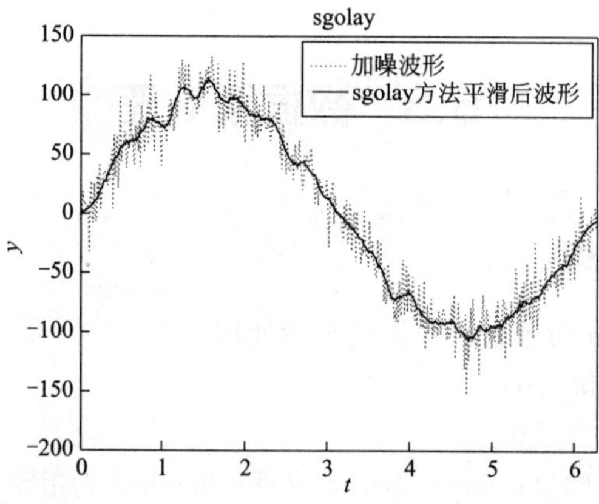

图 6-10　采用 sgolay 方法平滑处理后的波形图

6.3.2 数据的标准化变换

Matlab 提供了 zscore 命令进行数据的标准化变换。

命令形式：[Z,mu,sigma]=zscore(X)

功能：对数据按列进行标准化变换；

说明：X 为原始数据矩阵；Z 为按列进行标准化变换后的矩阵；mu 为矩阵 X 各列的均值构成的向量；sigma 为矩阵 X 各列的标准差构成的向量；标准化变换 zscore 命令的数学表达式为：z=(x-mean(X))./std(X)，经过标准化变换的数据符合标准正态分布，即均值为 0，标准差为 1。

【例 6-10】调用 rand 函数产生一个随机矩阵，然后调用 zscore 函数将其按列标准化。

✪Matlab 程序

```
X=[rand(10,1),5*rand(10,1),10*rand(10,1),500*rand(10,1)];
[Z,mu,sigma]=zscore(X)
```

✪程序运行结果

```
Z =
    1.6797   -0.9292   -0.8967    0.2906
    1.0040   -1.1011    1.2125    1.4262
   -0.6837    1.3678   -1.3666    1.3592
    1.2220    1.0958   -0.4354   -0.0332
   -0.5032   -0.5509    0.8612   -0.1673
   -0.5528   -0.2585    0.5365   -0.6088
   -1.5511    0.0458   -0.9416   -1.4732
   -0.1949   -0.2222    1.4942    0.8812
    0.0340   -1.0040    0.2220   -1.2149
   -0.4540    1.5565   -0.6860   -0.4599
mu =
    0.4277    2.7605    4.7192  246.1811
sigma =
    0.2718    1.4058    3.2144  148.3339
```

6.3.3 数据的归一化变换

Matlab 提供了 mapminmax 命令进行数据的归一化变换。

（1）命令形式 1：[Y,PS]=mapminmax(X,Ymin,Ymax)

功能：将数据按行进行归一化变换。

说明：X 是原始数据矩阵；Y_{min}，Y_{max} 分别为期望的矩阵 Y 每行的最小值和最大值，缺省时默认值为-1 和 1；Y 为按行进行归一化变换后的矩阵；PS 为一种描述数据的结构数组；归一化变换命令 mapminmax 的数学表达式为：y=(ymax−ymin)*(x−xmin)/(xmax−xmin)+ymin；当对其他数据矩阵采取同样的归一化变换时，可继续采用命令：Y =mapminmax('apply',X,PS)。

（2）命令形式 2：X=mapminmax('reverse',Y,PS)

功能：将归一化的数据进行反归一化变换。

说明：Y 为按行进行归一化变换后的矩阵；PS 为一种描述数据的结构数组；X 为反归一化变换后的矩阵；对数据进行反归一化，实质上是通过存储在结构数组 PS 的值计算原来的值。

【例 6-11】对数据矩阵 $X=\begin{bmatrix}23 & 52 & 34 & 78 & 65\\ 12 & 9 & 15 & 6 & 8\\ 112 & 132 & 154 & 146 & 144\end{bmatrix}$ 作归一化变换，要求期望归一化后每行的最小值为 0，最大值为 1；然后，再将归一化的数据进行反归一化变换。

✪Matlab 程序

```
X=[23,52,34,78,65;12,9,15,6,8;112,132,154,146,144];[Y,PS]=mapminmax(X,0,1)
X=mapminmax('reverse',Y,PS)
```

✪程序运行结果

```
Y =
        0    0.5273    0.2000    1.0000    0.7636
   0.6667    0.3333    1.0000         0    0.2222
        0    0.4762    1.0000    0.8095    0.7619
PS =
  包含以下字段的 struct:
        name: 'mapminmax'
       xrows: 3
        xmax: [3×1 double]
        xmin: [3×1 double]
      xrange: [3×1 double]
       yrows: 3
        ymax: 1
        ymin: 0
      yrange: 1
        gain: [3×1 double]
     xoffset: [3×1 double]
   no_change: 0
X =
    23    52    34    78    65
    12     9    15     6     8
   112   132   154   146   144
```

6.4 数据预测效果评价

6.4.1 平均绝对误差和平均绝对百分比误差

（1）平均绝对误差（mean absolute error，简称 MAE）

命令：MAE=mean(abs(YReal-YPred))

功能：计算平均绝对误差。

说明：

YReal 为真实数据。YPed 为预测数据。MAE 的计算公式为：$\mathrm{MAE}=\frac{1}{n}\sum_{i=1}^{n}|\hat{y}_i-y_i|$（$y_i$，$\hat{y}_i$ 分别为第 i 个数据的真实值和预测值，n 为数据个数）。该指标是对绝对误差损失的预期值，对异常值更加稳健。

（2）平均绝对百分比误差（mean absolute percentage error，简称 MAPE）

命令：MAPE=mean(abs((YReal-YPred)./YReal))

功能：计算平均绝对百分比误差。

说明：

MAPE 的计算公式为：$\mathrm{MAPE}=\frac{1}{n}\sum_{i=1}^{n}|\frac{\hat{y}_i-y_i}{y_i}|$。该指标是对相对误差损失的预期值，MAPE 的值越小，说明预测模型具有更高的精确度。

【例 6-12】 已知某参数实测值 A=[5.1,5.2,5.6,5.4,5.8,6.1,6.2,5.9]，该参数的预测值 B=[5.0, 5.1,5.4,5.3,5.6,5.9,6.0,5.7]，求实测值与预测值的平均绝对误差和平均绝对百分比误差。

✪Matlab 程序

```
YReal=[5.1,5.2,5.6,5.4,5.8,6.1,6.2,5.9];YPred=[5.0,5.1,5.4,5.3,5.6,5.9,6.0,5.7];
MAE=mean(abs(YReal-YPred)),MAPE=mean(abs((YReal-YPred)./YReal))
```

✪程序运行结果

```
MAE =
    0.1625
MAPE =
    0.0283
```

6.4.2 均方误差和均方根误差

（1）均方误差（mean squared error，简称 MSE）

命令：MSE=sum((YReal-YPred).^2)./n

功能：计算均方误差。

说明：

MSE 的计算公式为：$\mathrm{MSE}=\frac{1}{n}\sum_{i=1}^{n}(y_i-\hat{y}_i)^2$。该指标表示误差的平方的期望值，MSE 越趋近于 0，说明计算结果越好；MSE 受到异常值的影响很大，使用时应先剔除异常值。

（2）均方根误差（root mean squard error，简称 RMSE）

命令：RMSE=sqrt(mean((YPred-YReal).^2))

功能：计算均方根误差。

说明：

RMSE 的计算公式为：$\mathrm{RMSE}=\sqrt{\mathrm{MSE}}=\sqrt{\frac{1}{n}\sum_{i=1}^{n}(y_i-\hat{y}_i)^2}$。该指标在均方误差（MSE）的

基础上再开方，表征意义与 MSE 类似。

【例 6-13】求例 6-12 中实测数据与预测数据的均方误差和均方根误差。

✪Matlab 程序

```
YReal=[5.1,5.2,5.6,5.4,5.8,6.1,6.2,5.9];YPred=[5.0,5.1,5.4,5.3,5.6,5.9,6.0,5.7];
MSE=sum((YReal-YPred).^2)./8,RMSE=sqrt(mean((YPred-YReal).^2))
```

✪程序运行结果

```
MSE =
    0.0287
RMSE =
    0.1696
```

6.4.3 决定系数

决定系数（coefficient of determination，符号为 R^2），也称拟合优度。

命令：R2=1-(sum((YPred-YReal).^2) /sum((YReal-mean(YReal)).^2))

功能：计算决定系数。

说明：

R^2 的计算公式为：$R^2=1-\dfrac{\sum_{i=1}^{n}(\hat{y}_i-y_i)^2}{\sum_{i=1}^{n}(\bar{y}-y_i)^2}$。该指标反映预测数据和实测数据的接近程度，$R^2$ 的取值范围为[0,1]，R^2 越接近 1，说明预测数据和实测数据越接近或预测模型拟合得越好。

【例 6-14】求例 6-12 中实测数据与预测数据的决定系数。

✪Matlab 程序

```
YReal=[5.1,5.2,5.6,5.4,5.8,6.1,6.2,5.9];YPred=[5.0,5.1,5.4,5.3,5.6,5.9,6.0,5.7];
R2=1-(sum((YPred-YReal).^2)/sum((YReal-mean(YReal)).^2))
```

✪程序运行结果

```
R2 =
    0.8015
```

第7章 Matlab智能算法

人工智能（artificial intelligence，简称 AI），它是研究、开发用于模拟、延伸和扩展人的智能的理论、方法、技术及应用系统的一门新的技术科学。用来研究人工智能的主要物质基础以及能够实现人工智能技术平台的机器就是计算机，人工智能的发展历史是和计算机科学技术的发展史联系在一起的。除了计算机科学以外，人工智能还涉及信息论、控制论、自动化、仿生学、生物学、心理学、数理逻辑、语言学、医学和哲学等多门学科。人工智能学科研究的主要内容包括：知识表示、自动推理和搜索方法、机器学习和知识获取、知识处理系统、自然语言理解、计算机视觉、智能机器人、自动程序设计等方面。

在人工智能研究领域，智能算法是其重要的一个分支。智能算法是受人类组织、生物界及其功能和有关学科内部规律的启迪，根据其原理模仿设计出来的求解问题的一类算法。智能算法涉及的范围很广，主要包括神经网络、机器学习、遗传算法、模糊计算、蚁群算法、人工鱼群算法、粒子群算法、免疫算法、禁忌搜索、进化算法、启发式算法、模拟退火算法、混合智能算法等类型繁多、各具特色的算法。这些智能算法都有一个共同的特点，那就是通过模仿人类智能或生物智能的某一个或某一些方面而达到模拟人类智能的目的，并将生物智慧、自然界的规律等设计出最优算法，进行计算机程序化，用于解决很广泛的一些实际问题。目前智能计算正在蓬勃发展，智能算法的应用范围遍及各个科学领域。智能算法的研究、发展与应用，已经得到了国际学术界的广泛认可，并且在优化计算、模式识别、图像处理、自动控制、经济管理、机械工程、电气工程、通信网络和生物医学等多个领域取得了成功的应用，应用领域涉及国防、科技、经济、工业和农业等各个方面，尤其是在军事、金融工程、非线性系统最优化、知识工程、计算机辅助医学诊断等方面取得了丰硕的成果。智能算法不断地探索智能的新概念、新理论、新方法和新技术，智能算法的系列研究成果将对信息时代产生重大影响，将给人类文明带来巨大改变。

智能算法类型繁多，应用领域广泛，本章就最常用的几种经典智能算法的 Matlab 实现命令进行讲解，并配有使用智能算法解决问题的具体示例。本章内容包括人工神经网络算法、遗传算法、粒子群算法、模糊控制算法、小波分析算法及极限学习机算法。

7.1　人工神经网络算法

7.1.1　BP 神经网络算法及相关命令

（1）BP 神经网络算法简介

人工神经网络（artificial neural network，简称 ANN），以数学模型模拟神经元活动，是基于模仿大脑神经网络结构和功能而建立的一种信息处理系统。人工神经网络有多层和单层之分，每一层包含若干神经元，各神经元之间用带可变权重的有向弧连接，网络通过对已知信息的反复学习训练，通过逐步调整改变神经元连接权重的方法，达到处理信息、模拟输入输出之间关系的目的。它不需要知道输入输出之间的确切关系，不需大量参数，只需要知道引起输出变化的非恒定因素，即非常量性参数。因此与传统的数据处理方法相比，神经网络技术在处理模糊数据、随机性数据、非线性数据方面具有明显优势，对规模大、结构复杂、信息不明确的系统尤为适用。

BP（back propagation）神经网络是 1986 年由 Rumelhart 和 McClelland 为首的科学家小组提出，是一种按误差逆传播算法训练的多层前馈网络，是应用最广泛的人工神经网络算法之一。BP 神经网络能学习和存储大量的输入-输出模式映射关系，而无须事前揭示描述这种映射关系的数学方程。它的学习规则是使用最速下降法，通过反向传播来不断调整网络的权值和阈值，使网络的误差平方和最小。BP 神经网络算法拓扑结构包括输入层（input）、隐层（hide layer）和输出层（output layer）。

BP 神经网络算法的程序流程图如图 7-1 所示。

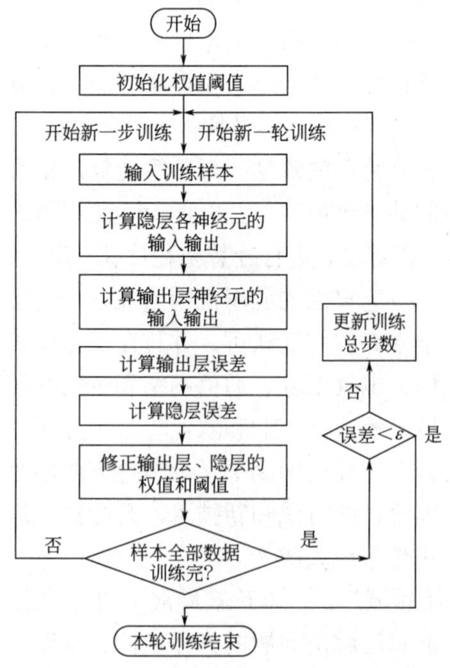

图 7-1　BP 神经网络算法的程序流程图

（2）BP 神经网络算法相关命令

① feedforwardnet 命令

命令形式：net=feedforwardnet(hiddenSizes, trainFcn)

功能：创建一个 BP 神经网络。

说明：hiddenSizes 为一个行向量，表征一个或多个隐含层所包含的神经元个数（默认为 10，即仅有一个包含 10 个神经元的隐含层）；trainFcn 为网络训练函数（默认是 trainlm）。

② train 命令

命令形式：[net,tr]=train(net, P,T,Pi,Ai,EW)

功能：训练已经创建好的 BP 神经网络。

说明：net 为训练前及训练后的网络；*P* 为网络输入向量；*T* 为网络目标向量（默认为 0）；Pi 为初始的输入层延迟条件（默认为 0）；Ai 为初始的输出层延迟条件（默认为 0）；tr 为训练记录（包含步数及性能）；EW 为输出目标向量中各个元素的重要程度调整参数。

③ sim 命令

命令形式：[Y,Pf,Af,E,perf] = sim(net,P,Pi,Ai,T)

功能：利用已经训练好的 BP 神经网络进行仿真预测。

说明：net 为训练好的网络；*P* 为网络的输入向量；Pi 为初始的输入层延迟条件（默认为 0）；Ai 为初始的隐含层延迟条件（默认为 0）；*T* 为网络的目标向量（默认为 0）；*Y* 为网络输出向量；Pf 为最终的输入层延迟条件；Af 为最终的隐含层延迟条件；*E* 为网络误差向量；perf 为网络的性能。

除了 sim 命令外，在新版本 Matlab 中还可以使用的 BP 神经网络预测命令形式有：Y= net(P,Pi,Ai)，其中参数意义同上。

7.1.2 BP 神经网络算法示例

【例 7-1】辛烷值是汽油最重要的品质指标，传统的实验室检测方法存在样品用量大、测试周期长和费用高等问题，不适用于生产控制，特别是在线测试。近红外光谱分析方法（NIR），作为一种快速分析方法，已经广泛应用于农业、制药、生物化工、石油产品等领域。其优越性是无损检测、低成本、无污染、能在线分析，更适合于生产和控制的需要。

针对采集得到的 60 组汽油样品，利用傅立叶近红外变换光谱仪对其扫描，扫描范围为 900~1700nm，扫描间隔为 2nm，每个样品的光谱曲线共含有 401 个波长点。同时，利用传统实验室检测方法测定其辛烷值含量。现要求利用 BP 神经网络建立汽油样品近红外光谱与其辛烷值之间的关系的数学模型，并对模型的性能进行评价。

60 组样品的光谱及辛烷值数据（详见第 7 章源程序的 spectra_data.mat 文件）包含两个变量矩阵：NIR 为 60 行 401 列的样品光谱数据，octane 为 60 行 1 列的辛烷值数据。为不失一般性，这里采用随机法产生训练集和测试集，即随机产生 50 个样品作为训练集，剩余的 10 个样品作为测试集。

✪Matlab 程序

```
clear,clc
load spectra_data.mat
temp=randperm(size(NIR,1)); % 随机产生训练集和测试集
P_train=NIR(temp(1:50),:)';T_train=octane(temp(1:50),:)';
```

```
P_test=NIR(temp(51:end),:)';T_test=octane(temp(51:end),:)';N=size(P_test,2);
net=feedforwardnet(9);net.trainParam.epochs=1000;net.trainParam.goal=1e-3;
net.trainParam.lr=0.01;net=train(net,P_train,T_train);
T_sim_bp=sim(net,P_test);error_bp=abs(T_sim_bp-T_test)./T_test
R2_bp=(N*sum(T_sim_bp.*T_test)-sum(T_sim_bp)*sum(T_test))^2/((N*...
sum((T_sim_bp).^2)-(sum(T_sim_bp))^2)*(N*sum((T_test).^2)-(sum(T_test))^2))
result_bp=[T_test',T_sim_bp',error_bp']
plot(1:N, T_test, 'b:*', 1:N, T_sim_bp, 'r-o')
legend('真实值', 'BP预测值'),xlabel('预测样本'),ylabel('辛烷值')
title('测试集辛烷值含量预测结果')
```

✪程序运行结果

```
error_bp =
   0.0059  0.0043  0.0051  0.0070  0.0056  0.0023  0.0008  0.0093  0.0020  0.0009
R2_bp =
   0.9421
result_bp =
  88.0000   87.4764    0.0059
  85.1000   85.4619    0.0043
  88.7000   88.2499    0.0051
  88.4500   87.8328    0.0070
  89.6000   89.0952    0.0056
  88.3500   88.5495    0.0023
  86.6000   86.5335    0.0008
  88.7000   87.8707    0.0093
  88.4000   88.2235    0.0020
  86.5000   86.4212    0.0009
```

程序运行图如图 7-2 所示。

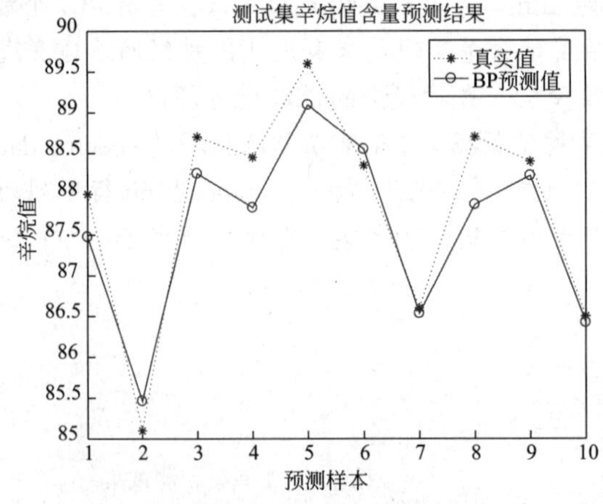

图 7-2 测试集辛烷值含量 BP 预测结果与真实值结果对比

7.2　遗传算法

7.2.1　遗传算法及相关命令

（1）遗传算法简介

遗传算法（genetic algorithm，简称 GA），是模拟达尔文生物进化论的自然选择和遗传学机理的生物进化过程的计算模型，是一种通过模拟自然进化过程搜索最优解的方法。该算法通过数学的方式，利用计算机仿真运算，将问题的求解过程转换成类似生物进化中的染色体基因的交叉、变异等过程。在求解较为复杂的组合优化问题时，相对一些常规的优化算法，通常能够较快地获得较好的优化结果。遗传算法已被人们广泛地应用于组合优化、机器学习、信号处理、自适应控制和人工生命等领域。

遗传操作是模拟生物基因遗传的做法。在遗传算法中，通过编码组成初始群体后，遗传操作的任务就是对群体的个体按照它们对环境适应度（适应度评估）施加一定的操作，从而实现优胜劣汰的进化过程。从最佳化搜寻的角度而言，遗传操作可使问题的解一代又一代地最佳化，并逼近最优解。遗传算法的程序流程图如图 7-3 所示。

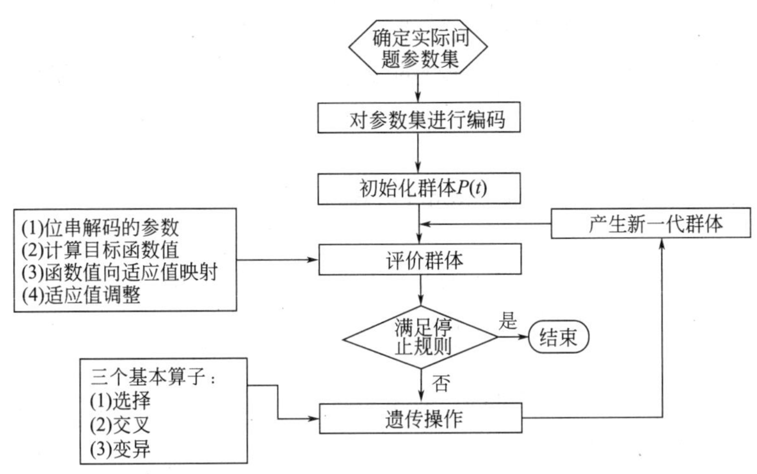

图 7-3　遗传算法的程序流程图

（2）遗传算法相关命令

① crtbp 命令

命令形式：[Chrom,Lind,BaseV]=crtbp(Nind,Lind,Base)

功能：创建任意离散随机种群。

说明：Nind 为种群个体数，在矩阵上表现为行数；Lind 为种群中每个个体的染色体长度，也叫基因长度，在矩阵上表现为列数，缺省时为 1；Base 是一个长度为 Lind 的行向量，其指出每个染色体（基因）的进制数，缺省时全为二进制；Chrom 为生成的种群，是一个 Nind*Lind 的矩阵，矩阵元素是 0～1 随机数；Lind 为基因长度，可省略；BaseV 为 Base，可省略。

② ranking 命令

命令形式：FitnV=ranking(ObjV,RFun,SUBPOP)

功能：基于排序的适应度分配。

说明：ObjV 为个体的目标值（列向量）；RFun 为长度是 length(ObjV)的向量，包含对每一行的适应度值计算；SUBPOP 为一个任选参数，表明在 ObjV 子种群的数量，省略 SUBPOP 或为 NAN 时 SUBPOP=1；FitnV 为个体的适应度（列向量）。需要提醒的是，ObjV 中所有子种群大小必须相同。

③ select 命令

命令形式：SelCh=select(SEL_F,Chrom,FitnV,GGAP,SUBPOP)

功能：从种群中选择个体。

说明：SEL_F 为一个包含低级选择函数名的字符串，如 rws（轮盘选择）或 sus（随机遍历采样）；Chrom 为生成的种群；FitnV 为个体适应度（列向量）；GGAP 为可选参数，表示代沟部分种群复制，省略或为 NAN 时，GGAP=1，即全部种群遗传；SUBPOP 为可选参数，决定 Chrom 中子种群的数量，省略或为 NAN 时，SUBPOP=1。需要提醒的是，Chrom 中所有子种群大小必须相同。

④ recombin 命令

命令形式：NewChrom=recombin(REC_F,Chrom,RecOpt,SUBPOP)

功能：重组个体。

说明：REC_F 为一个包含低级重组函数名的字符串，如 recdis 或 xovsp；Chrom 为生成的种群；RecOpt 为一个指明交叉概率的任选参数，如省略或为 NAN 时，将设为缺省值；SUBPOP 为可选参数，决定 Chrom 中子种群的数量，省略或为 NAN 时 SUBPOP=1；NewChrom 为返回的新种群。

⑤ mut 命令

命令形式：NewChrom=mut (OldChrom,Pm,BaseV)

功能：离散变异算子。

说明：OldChrom 为当前种群；Pm 为变异概率（省略时为 0.7/Lind）；BaseV 为指明的染色体个体元素变异的基本字符（省略时种群为二进制编码）。

⑥ reins 命令

命令形式：[Chrom,ObjVCh]= reins(Chrom,SleCh,SUBPOP,InsOpt,objVCh,objVSel)

功能：重插入子代到种群。

说明：Chrom 为父代种群，每一行对应一个个体；SelCh 为子代种群，每一行对应一个个体；SUBPOP 为可选参数，指明 Chrom 和 SelCh 中子种群的数量，省略或为 NAN 时，SUBPOP=1；InsOpt 为一个最多有两个参数的任选向量，InsOpt(1)为一个指明用子代代替父代的方法的标量，InsOpt(2)为一个表示每个子种群中重插入的子代个体在整个子种群中个体的比率的标量；ObjVCh 为一个可选列向量，包括 Chrom 中个体的目标值；ObjVSel 为一个可选参数，包含 SelCh 中个体的目标值。

⑦ bs2rv 命令

命令形式：Phen = bs2rv(Chrom,FieldD)

功能：二进制到十进制的转换。

说明：FieldD 为译码矩阵，这个矩阵的结构如下：

$$\textbf{FieldD}=\begin{bmatrix}\text{len}\\ \text{lb}\\ \text{ub}\\ \text{code}\\ \text{scale}\\ \text{lbin}\\ \text{ubin}\end{bmatrix}$$

其中，len 为包含在 Chrom 中每个子串的长度，且有 sum(len)=size(Chrom,2)；lb 和 ub 分别为每个变量的下界和上界；code 指明子串中的编码，1 为标准二进制编码，0 为格雷编码；scale 指明每个子串所使用的的刻度，0 表示算数刻度，1 表示对数刻度；lbin 和 ubin 指明标志范围中是否包含边界，0 表示不包含边界，1 表示包含边界。

⑧ rep 命令

命令形式：MatOut=rep(MatIn,REPN)

功能：矩阵复制。

说明：MatIn 为被复制的矩阵；REPN 指明复制次数，REPN 包含每个方向的复制次数，PERN(1)表示纵向复制次数，REPN(2)表示水平方向复制次数。

7.2.2 遗传算法示例

【例 7-2】利用遗传算法计算以下函数的最小值：

$$f(x)=\frac{\sin(10\pi x)}{x},\quad x\in[1,2]$$

选择二进制编码，遗传算法参数设置如表 7-1 所示。

表 7-1 遗传算法参数设置

种群大小	最大遗传代数	个体长度	代购	交叉概率	变异概率
40	20	20	0.95	0.7	0.01

✪Matlab 程序

```
clear,clc
% 画函数图
figure(1);
lb=1;ub=2; ezplot('sin(10*pi*X)/X',[lb,ub]);
xlabel('自变量/X'),ylabel('函数值/Y'), hold on
% 定义遗传算法参数
NIND=40;                                  %个体数目
MAXGEN=20;                                %最大遗传代数
PRECI=20;                                 %变量的二进制位数
GGAP=0.95;                                %代沟
px=0.7;                                   %交叉概率
pm=0.01;                                  %变异概率
```

```
trace=zeros(2,MAXGEN);                    %寻优结果的初始值
FieldD=[PRECI;lb;ub;1;0;1;1];             %区域描述器
Chrom=crtbp(NIND,PRECI);                  %初始种群
% 优化
gen=0;                                    %代计数器
X=bs2rv(Chrom,FieldD);                    %计算初始种群的十进制转换
ObjV=sin(10*pi*X)./X;                     %计算目标函数值
while gen<MAXGEN
 FitnV=ranking(ObjV);                     %分配适应度值
 SelCh=select('sus',Chrom,FitnV,GGAP);    %选择
 SelCh=recombin('xovsp',SelCh,px);        %重组
 SelCh=mut(SelCh,pm);                     %变异
 X=bs2rv(SelCh,FieldD);                   %子代个体的十进制转换
 ObjVSel=sin(10*pi*X)./X;                 %计算子代的目标函数值
 [Chrom,ObjV]=reins(Chrom,SelCh,1,1,ObjV,ObjVSel);%重插入子代到父代得新种群
 X=bs2rv(Chrom,FieldD);
 gen=gen+1;                               %代计数器增加
% 获取每代的最优解及其序号，Y为最优解,I为个体的序号
   [Y,I]=min(ObjV);
   trace(1,gen)=X(I);                     %记下每代的最优值
   trace(2,gen)=Y;                        %记下每代的最优值
end
plot(trace(1,:),trace(2,:),'bo');         %画出每代的最优点
grid on;
plot(X,ObjV,'b*');                        %画出最后一代的种群
hold off
% 画进化图
figure(2);
plot(1:MAXGEN,trace(2,:)),grid on
xlabel('遗传代数'),ylabel('解的变化'),title('进化过程')
bestY=trace(2,end);bestX=trace(1,end);
disp('最优解：')
disp(['X=',num2str(bestX)])
disp(['Y=',num2str(bestY)])
```

✪程序运行结果

最优解:

```
X=1.1491
Y=-0.8699
```

程序运行图如图 7-4 和图 7-5 所示。

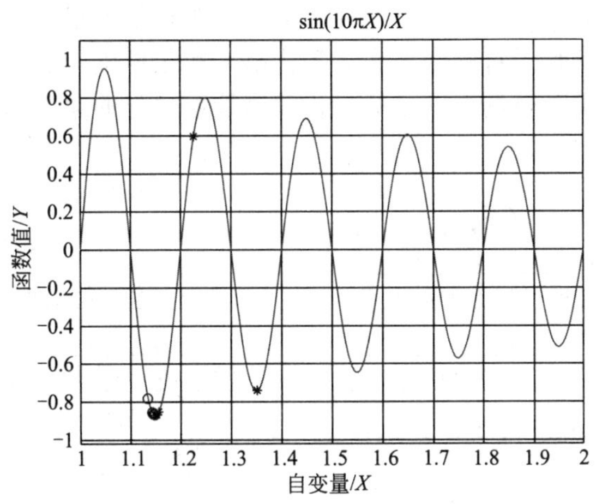

图 7-4　目标函数图

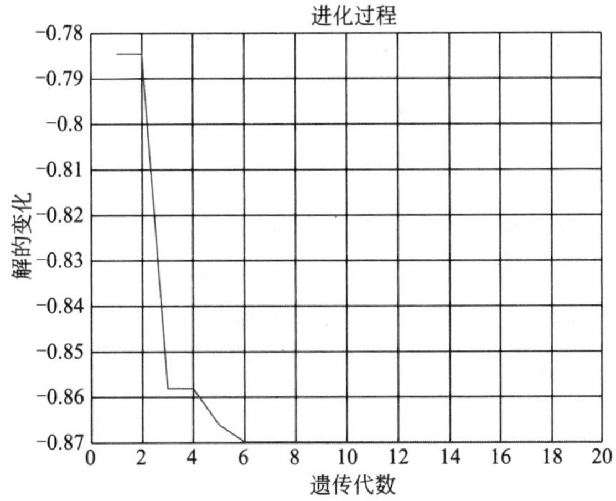

图 7-5　最求解的进化过程

7.3 粒子群算法

7.3.1 粒子群算法及相关命令

（1）粒子群算法简介

粒子群算法，也称粒子群优化算法（particle swarm optimization，简称 PSO），是通过模拟鸟群觅食行为而发展起来的一种基于群体协作的随机搜索算法，属于群集智能优化算法的一种。粒子群算法源于对鸟类捕食行为的研究，它的基本核心是利用群体中的个体对信息的共享，从而使整个群体的运动在问题求解空间中产生从无序到有序的演化过程，从而获得问题的最优解。粒子群算法在电子、通信、控制等诸多领域中有着广泛的应用和发展。

粒子群算法通过设计一种无质量的粒子来模拟鸟群中的鸟。粒子仅具有两个属性：速度和位置，速度代表移动的快慢，位置代表移动的方向。每个粒子在搜索空间中单独的搜寻最优解，并将其记为当前个体极值，并将个体极值与整个粒子群里的其他粒子共享，找到最优的那个个体极值作为整个粒子群的当前全局最优解，粒子群中的所有粒子根据自己找到的当前个体极值和整个粒子群共享的当前全局最优解来调整自己的速度和位置。粒子群算法的程序流程图如图 7-6 所示。

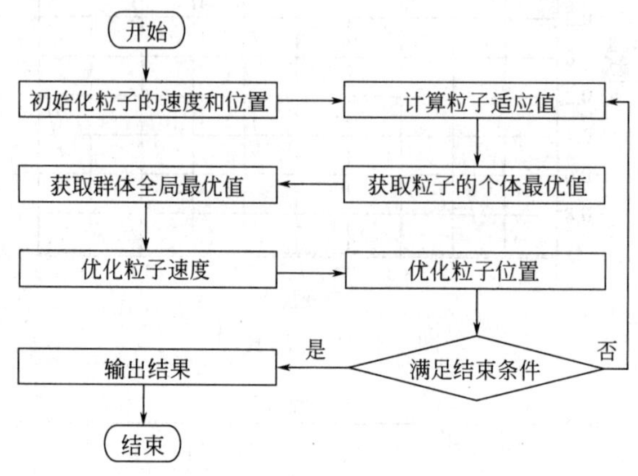

图 7-6　粒子群算法的程序流程图

（2）粒子群算法命令

命令形式：[xm,fv]=PSO(fitness,N,c1,c2,w,M,D)

功能：创建粒子群算法函数。

说明：fitness 为要优化的目标函数；*N* 为粒子数目；c1 为学习因子 1；c2 为学习因子 2；*w* 为惯性权重；*M* 为最大迭代次数；*D* 为自变量的个数；xm 为目标函数取最小值时的自变量；fv 为目标函数的最小值。

为方便不含 PSO 工具箱的 Matlab 用户使用，在此附上 PSO 函数文件源程序（详见第 7 章源程序的 PSO.m 文件），如下：

```
function[xm,fv]=PSO(fitness,N,c1,c2,w,M,D)
%-------------------------给定初始化条件---------------------------
% c1 学习因子 1
% c2 学习因子 2
% w 惯性权重
% M 最大迭代次数
% D 搜索空间维数（未知数个数）
% N 初始化群体个体数目
%-----------初始化种群的个体（可以在这里限定位置和速度的范围）-----------
format long;
for i=1:N
    for j=1:D
        x(i,j)=randn; %随机初始化位置
        v(i,j)=randn; %随机初始化速度
    end
```

```
end
%--------------先计算各个粒子的适应度，并初始化 Pi 和 Pg--------------
for i=1:N
    p(i)=fitness(x(i,:));
    y(i,:)=x(i,:);
end
pg=x(N,:);              %Pg 为全局最优
for i=1:(N-1)
    if fitness(x(i,:)) < fitness(pg)
        pg=x(i,:);
    end
end
%------进入主要循环，按照公式依次迭代，直到满足精度要求------------
for t=1:M
    for i=1:N     %更新速度、位移
        v(i,:)=w*v(i,:)+c1*rand*(y(i,:)-x(i,:))+c2*rand*(pg-x(i,:));
        x(i,:)=x(i,:)+v(i,:);
        if fitness(x(i,:)) < p(i)
            p(i)=fitness(x(i,:));
            y(i,:)=x(i,:);
        end
        if p(i)<fitness(pg)
            pg=y(i,:);
        end
    end
    Pbest(t)=fitness(pg);
end
%-----------------------最后给出计算结果-----------------------
disp('*************************************************************')
disp('目标函数取最小值时的自变量：')
xm=pg'
disp('目标函数的最小值为：')
fv=fitness(pg)
disp('*************************************************************')
```

7.3.2 粒子群算法示例

【例 7-3】利用粒子群算法求以下三维函数的最小值：

$$f = x(1)^2 + x(2)^2 + x(3)^2$$

首先，编写如下的目标函数文件 fitness.m:

✪Matlab 程序

```
function f=fitness(x)
f=x(1).^2+x(2).^2+x(3).^2;
end
```

然后，在命令行窗口或 M 文件中编写如下的 Matlab 程序：

✪Matlab 程序

```
clear,clc
[xm,fv]=PSO(@fitness,100,2,2,0.6,1000,3);
```

✪程序运行结果

```
***************************************************************
目标函数取最小值时的自变量：
xm =
   1.0e-55 *
   0.121700972664314
   0.099352060136253
  -0.015233355308841
目标函数的最小值为：
fv =
    2.491401371472319e-112
***************************************************************
```

7.4 模糊控制算法

7.4.1 模糊控制算法及相关命令

（1）模糊控制算法简介

模糊控制（fuzzy control，简称 FC）算法，又称模糊逻辑控制（fuzzy logic control，简称 FLC）算法，是以模糊集理论、模糊语言变量和模糊逻辑推理为基础的一种智能控制方法，它是从行为上模仿人的模糊推理和决策过程的一种智能控制算法。模糊控制算法的最重要特征是不需要建立被控对象精确的数学模型，只要求把现场操作人员的经验和数据总结成较完善的语言控制规则，从而能够对具有不确定性、不精确性、噪声以及非线性、时变性、时滞等特征的控制对象进行控制。模糊控制算法的控制规则在于模拟人类大脑思维方式，具有自学习更新功能，因此能够获得高鲁棒性和良好的适应性，尤其适用于非线性、时变、滞后系统的控制。

模糊控制算法的基本结构包括知识库、模糊推理、输入量模糊化、输出量精确化四部分。模糊控制算法的程序流程图如图 7-7 所示。

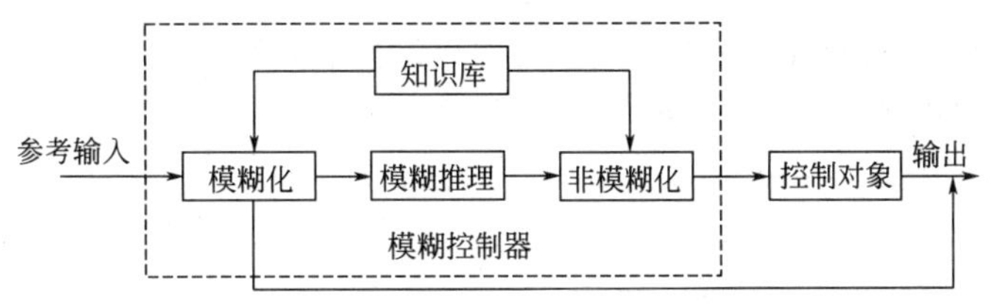

图 7-7 模糊控制算法的程序流程图

（2）模糊控制算法相关命令

① newfis 命令

命令形式：

a=newfis(fisName,fisType,andMethod,orMethod,impMethod,aggMethod,defuzzMethod)

功能：创建新的模糊推理系统。

说明：fisName 为模糊推理系统名称；fisType 为模糊推理系统类型；andMethod 为与运算操作符；orMethod 为或运算操作符；impMethod 为模糊蕴含方法；aggMethod 为各条规则推理结果的综合方法；defuzzMethod 为去模糊化方法；a 为返回值，返回模糊推理系统对应的矩阵名称。

该命令中除 fisName 外的自变量参数为可选参数，可以省略，省略后的命令形式为：

a=newfis(fisName)

② addvar 命令

命令形式：a=addvar(a,'varType','varName',varBounds)

功能：添加模糊语言变量。

说明：a 为结构变量名；varType 为指定语言变量的类型；varName 为指定语言变量的名称；varBounds 为指定语言变量的论域范围。

③ addmf 命令

命令形式：a=addmf(a,'varType',varIndex,'mfName','mfType',mfParams)

功能：添加隶属度函数。

说明：a 为结构变量名；vartype 为要添加的隶属度函数的变量类型；varIndex 为隶属度函数的变量编号；mfName 为新添加的隶属度函数名；mfType 为新隶属度函数的类型；mfParams 为指定隶属度函数的参数向量。

Matlab 模糊工具箱提供了许多模糊隶属度函数，包括常用的三角形、高斯形、π形、钟形等隶属函数，如表 7-2 所示。

表 7-2 模糊隶属度函数

函数名	功能	函数名	功能
pimf	建立π形隶属度函数	smf	建立 S 形隶属度函数
gauss2mf	建立双边高斯形隶属度函数	trapmf	建立梯形隶属度函数
gaussmf	建立高斯形隶属度函数	trimf	建立三角形隶属度函数
gbellmf	建立一般的钟形隶属度函数	zmf	建立 Z 形隶属度函数

④ addrule 命令

命令形式：fisMat2= addrule (fisMat1,rulelist)

功能：添加模糊规则函数。

说明：**fisMat1** 和 **fisMat2** 为添加规则前后模糊推理系统对应的矩阵；**rulelist** 以矩阵的形式给出需要添加的模糊规则，如果模糊推理系统有 *m* 个输入语言变量和 *n* 个输出语言变量，则矩阵 **rulelist** 的列数必须为 *m*+*n*+2 个，而行数任意。

⑤ evalfis 命令

命令形式：output=evalfis (input, fisMat)

功能：执行模糊推理计算函数。

说明：input 为模糊推理系统的输入变量；**fisMat** 为模糊推理系统对应的矩阵；output 为模糊推理系统的输出变量。

⑥ gensurf 命令

命令形式：gensurf(fisMat)

功能：生成模糊推理系统的输出曲面并显示函数。

说明：**fisMat** 为模糊推理系统对应的矩阵。

7.4.2 模糊控制算法示例

【例 7-4】某一学校选拔过程是根据学生的数学成绩和学生身高来确定学生是否通过选拔。假设数学成绩∈[0，100]模糊化成两级：差和好。学生身高∈[0，10]模糊化成两级：高和正常。学生通过率∈[0，100]模糊化成三级：高、低和正常。模糊规则为：

if 数学成绩 is 差 and 身高 is 高 then 通过率 is 高

if 数学成绩 is 好 and 身高 is 高 then 通过率 is 低

if 身高 is 正常 then 通过率 is 正常

选择适当的隶属度函数后，设计一个基于 Mamdani 模型的模糊推理系统，计算当数学成绩和身高分别为 50 和 1.5 以及 80 和 2 时阀门开启的角度的增量，并绘制输入输出曲面图。

✪Matlab 程序

```
clear,clc
fisMat=newfis('ex5_10');
fisMat=addvar(fisMat,'input','数学成绩',[0  100]);
fisMat=addvar(fisMat,'input','身高',[0  10]);
fisMat=addvar(fisMat,'output','通过率',[0  100]);
fisMat=addmf(fisMat,'input',1,'差','trapmf',[0 0 60 80]);
fisMat=addmf(fisMat,'input',1,'好','trapmf',[60 80 100 100]);
fisMat=addmf(fisMat,'input',2,'正常','trimf',[0 1 5]);
fisMat=addmf(fisMat,'input',2,'高','trapmf',[1 5 10 10]);
fisMat=addmf(fisMat,'output',1,'低','trimf',[0 30 50]);
fisMat=addmf(fisMat,'output',1,'正常','trimf',[30 50 80]);
fisMat=addmf(fisMat,'output',1,'高','trimf',[50 80 100]);
rulelist=[1 2 3 1 1; 2 2 1 1 1; 0 1 2 1 0];
fisMat=addrule(fisMat,rulelist);
gensurf(fisMat);
in=[50 1.5;80 2];
out=evalfis(in,fisMat)
```

✪程序运行结果

```
out =
  56.6979
  45.1905
```

程序运行图如图 7-8 所示。

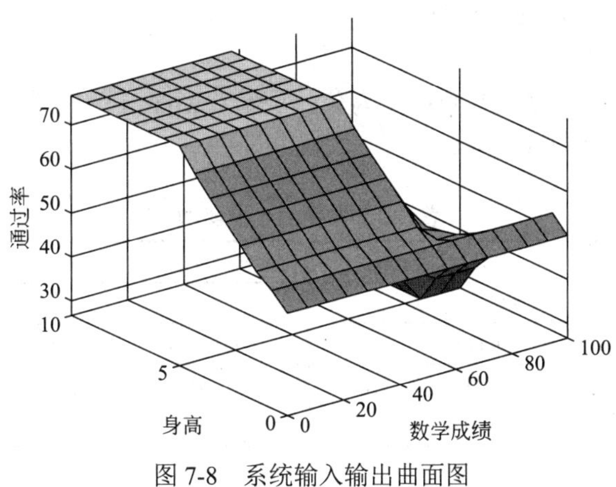

图 7-8 系统输入输出曲面图

7.5 小波分析算法

7.5.1 小波分析算法及相关命令

（1）小波分析算法简介

小波分析（wavelet analysis，简称 WA）算法，是当前应用数学和工程学科中一个迅速发展的新领域。与傅里叶（Fourier）变换相比，小波变换是空间（时间）和频率的局部变换，因而能有效地从信号中提取信息。通过伸缩和平移等运算功能可对函数或信号进行多尺度的细化分析，解决了 Fourier 变换不能解决的许多困难问题。小波分析算法的应用领域十分广泛，它包括：数学领域的许多学科；信号分析、图像处理；量子力学、理论物理；军事电子对抗与武器的智能化；计算机分类与识别；音乐与语言的人工合成；医学成像与诊断；地震勘探数据处理；大型机械的故障诊断等方面。例如，在数学方面，它已用于数值分析、构造快速数值方法、曲线曲面构造、微分方程求解、控制论等；在信号分析方面的滤波、去噪声、压缩、传递等；在图像处理方面的图像压缩、分类、识别与诊断，去污等；在医学成像方面的减少 B 超、CT、核磁共振成像的时间，提高分辨率等。

多分辨分析是信号在小波基下进行分解和重构的基本理论基础，Stephane Mallat 利用多分辨分析的特征构造了快速小波变换算法，即 Mallat 算法。该算法在小波分析中的作用相当于快速傅立叶变换在傅立叶分析中的作用。对于多分辨小波分析， Mallat 分解算法和重构算法的原理示意图如图 7-9 和图 7-10 所示。

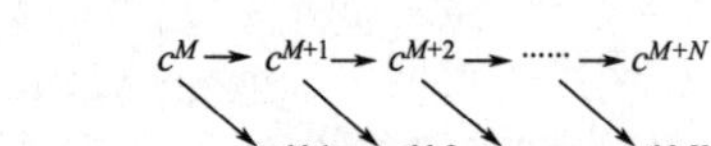

图 7-9　Mallat 分解算法的原理示意图

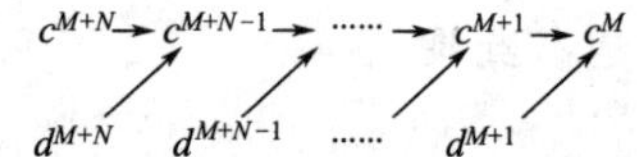

图 7-10　Mallat 重构算法的原理示意图

（2）小波分析算法相关命令

① wavedec 命令

命令形式：[c,l]= wavedec(s,N, 'wname')

功能：多层小波分解。

说明：s 为一维信号的输入参数；N 为分解层数；wname 为小波函数名称。

常用的小波函数如表 7-3 所示。

表 7-3　常用的小波函数

小波名称	Matlab 中的小波函数表示形式	小波名称	Matlab 中的小波函数表示形式
Haar 小波	haar	Symlets 小波	symN（如 sym2）
Daubechies 小波	dbN（如 db8）	Morlet 小波	morl
Biorthogonal 小波	biorN.X（如 bior2.4）	Mexican Hat 小波	mexh
Coiflets 小波	coifN（如 coif3）	Meyer 小波	meyr

② wrcoef 命令

命令形式：s=wrcoef('type',c,l,'wname',N)

功能：多层小波重构。

说明：type 为信号的频率类型，type=a 时对信号的低频部分进行重构（此时 N 可以为 0），当 type=d 时对信号的高频部分进行重构（此时 N 为正整数）；[c,l]为一维信号的分解结构；wname 为小波函数名称；N 为分解层数；s 为重构的一维信号。

7.5.2　小波分析算法示例

【例 7-5】利用小波分析算法分离正弦加噪信号。

✪Matlab 程序

```
clear,clc
load noissin;     %装载原始 noissin 信号
s=noissin;
figure;
subplot(6,1,1),plot(s),ylabel('s')
% 使用 db5 小波对信号进行 5 层分解
[c,l]=wavedec(s,5,'db5');
for i=1:5
    % 对分解的第 5 层到第 1 层的低频系数进行重构
    a=wrcoef('a',c,l,'db5',6-i);
    subplot(6,1,i+1); plot(a);
    ylabel(['a',num2str(6-i)]);
end
```

```
figure;
subplot(6,1,1),plot(s),ylabel('s')
for i=1:5
    % 对分解的第 5 层到第 1 层的高频系数进行重构
    d=wrcoef('d',c,l,'db5',6-i);
    subplot(6,1,i+1);plot(d);
    ylabel(['d',num2str(6-i)]);
end
```

✪程序运行结果

程序运行图如图 7-11 和图 7-12 所示。

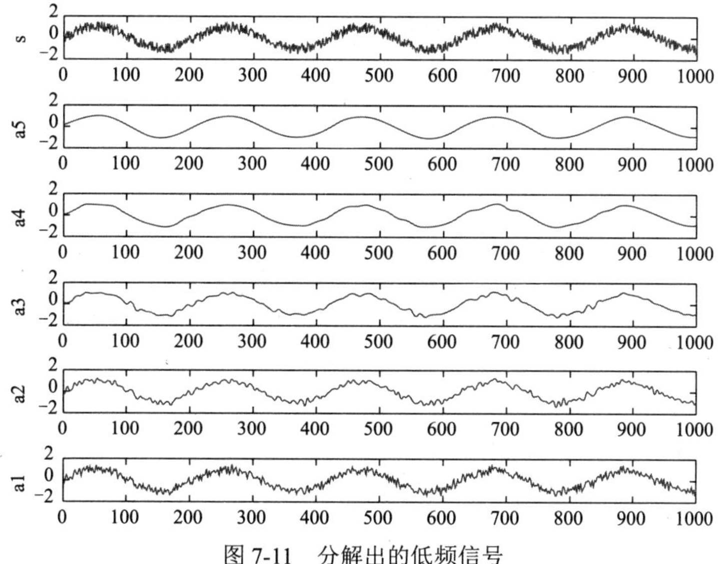

图 7-11　分解出的低频信号

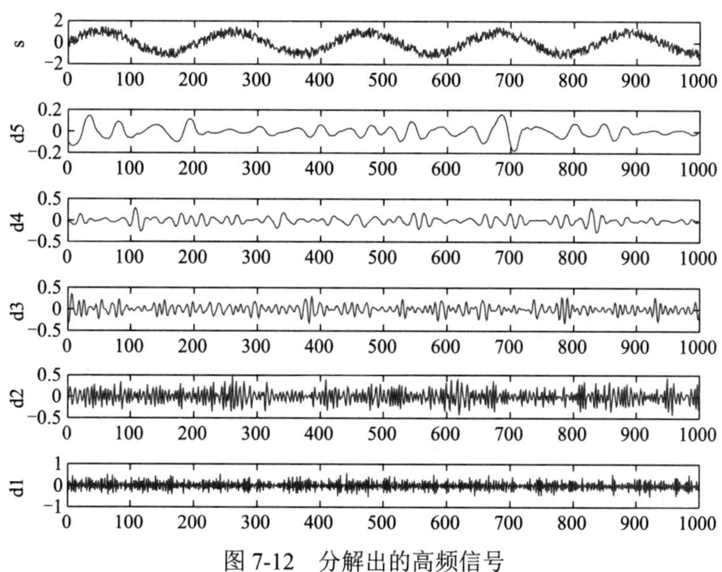

图 7-12　分解出的高频信号

7.6　极限学习机算法

7.6.1　极限学习机算法及相关命令

（1）极限学习机算法简介

极限学习机（extreme learning machine，简称 ELM）算法，是南洋理工大学 Huang G.B. 教授等人提出的一种快速的单隐含层神经网络算法。该算法的特点是在网络参数的确定过程中，隐含层节点参数随机选取，无须调节；而网络的外权是通过最小化平方损失函数得到的最小二乘解。网络参数的确定过程中无须任何迭代步骤，从而大大降低了网络参数的调节时间。与人工神经网络算法（缺点：容易陷入局部极小值，收敛速度慢，泛化能力弱）相比，极限学习机算法因更优的全局求解能力和泛化能力在众多不同领域的应用中得到证明。该算法适用于解决监督学习和非监督学习问题。

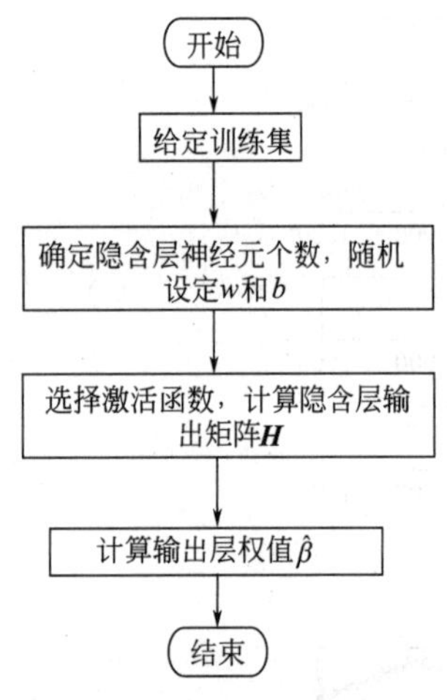

图 7-13　极限学习机算法的流程示意图

极限学习机模型的网络结构与单隐层前馈神经网络（SLFN）一样，只不过在训练阶段不再是传统的神经网络中的基于梯度的算法（后向传播），而随机设定输入层与隐含层的连接权值和隐含层神经元的阈值，对于输出层权值则通过广义逆矩阵理论计算得到。极限学习机算法的流程示意图如图 7-13 所示。

（2）极限学习机算法相关命令

① elmtrain 命令

命令形式：[IW,B,LW,TF,TYPE]= elmtrain (P,T,N,TF,TYPE)

功能：建立（训练）ELM 模型。

说明：***P*** 为训练集样本的输入矩阵；***T*** 为训练集样本的输出矩阵；*N* 为隐含层神经元的个数；TF 为激活函数；TYPE 为 ELM 应用类型，0 表示回归，1 表示分类；IW 为输入层与隐含层的连接权值；*B* 为隐含层神经元的阈值；LW 为隐含层与输出层的连接权值。

为方便不含 ELM 工具箱的 Matlab 用户使用，在此附上 elmtrain 函数文件源程序（详见第 7 章源程序的 elmtrain.m 文件），如下：

```
function [IW,B,LW,TF,TYPE]=elmtrain(P,T,N,TF,TYPE)
% ELMTRAIN Create and Train a Extreme Learning Machine
% Syntax
% [IW,B,LW,TF,TYPE] = elmtrain(P,T,N,TF,TYPE)
% Description
% Input
% P   - Input Matrix of Training Set  (R*Q)
% T   - Output Matrix of Training Set (S*Q)
% N   - Number of Hidden Neurons (default = Q)
```

```
% TF  - Transfer Function:
%       'sig' for Sigmoidal function (default)
%       'sin' for Sine function
%       'hardlim' for Hardlim function
% TYPE - Regression (0,default) or Classification (1)
% Output
% IW  - Input Weight Matrix (N*R)
% B   - Bias Matrix  (N*1)
% LW  - Layer Weight Matrix (N*S)
% Example
% Regression:
% [IW,B,LW,TF,TYPE] = elmtrain(P,T,20,'sig',0)
% Y = elmtrain(P,IW,B,LW,TF,TYPE)
% Classification
% [IW,B,LW,TF,TYPE] = elmtrain(P,T,20,'sig',1)
% Y = elmtrain(P,IW,B,LW,TF,TYPE)
% See also ELMPREDICT
% Yu Lei,11-7-2010
% Copyright www.matlabsky.com
% $Revision:1.0 $
if nargin<2
   error('ELM:Arguments','Not enough input arguments.');
end
if nargin<3
   N=size(P,2);
end
if nargin<4
   TF='sig';
end
if nargin<5
   TYPE=0;
end
if size(P,2)~=size(T,2)
   error('ELM:Arguments','The columns of P and T must be same.');
end
[R,Q]=size(P);
if TYPE ==1
   T=ind2vec(T);
end
[S,Q]=size(T);
```

```
% Randomly Generate the Input Weight Matrix
IW =rand(N,R)*2-1;
% Randomly Generate the Bias Matrix
B=rand(N,1);
BiasMatrix=repmat(B,1,Q);
% Calculate the Layer Output Matrix H
tempH=IW*P+BiasMatrix;
switch TF
    case 'sig'
        H=1./(1+exp(-tempH));
    case 'sin'
        H=sin(tempH);
    case 'hardlim'
        H=hardlim(tempH);
end
% Calculate the Output Weight Matrix
LW=pinv(H')*T';
```

② elmpredict 命令

命令形式：Y=elmpredict(P, IW, B,LW,TF,TYPE)

功能：利用已经建立的 ELM 模型进行仿真预测。

说明：***P*** 为测试集样本的输入矩阵；IW 为函数 elmtrain 返回的输入层与隐含层的连接权值；*B* 为函数 elmtrain 返回的隐含层神经元的阈值；LW 为函数 elmtrain 返回的隐含层与输出层的连接权值；TF 为与函数 elmtrain 中类型一致的激活函数；TYPE 为与函数 elmtrain 中一致的 ELM 应用类型；***Y*** 为测试集样本对应的输出预测值矩阵。

为方便不含 ELM 工具箱的 Matlab 用户使用，在此附上 elmpredict 函数文件源程序（详见第 7 章源程序的 elmpredict.m 文件），如下：

```
function Y=elmpredict(P,IW,B,LW,TF,TYPE)
% ELMPREDICT Simulate a Extreme Learning Machine
% Syntax
% Y = elmtrain(P,IW,B,LW,TF,TYPE)
% Description
% Input
% P   - Input Matrix of Training Set  (R*Q)
% IW  - Input Weight Matrix (N*R)
% B   - Bias Matrix  (N*1)
% LW  - Layer Weight Matrix (N*S)
% TF  - Transfer Function:
%       'sig' for Sigmoidal function (default)
%       'sin' for Sine function
```

```
%       'hardlim' for Hardlim function
% TYPE - Regression (0,default) or Classification (1)
% Output
% Y   - Simulate Output Matrix (S*Q)
% Example
% Regression:
% [IW,B,LW,TF,TYPE] = elmtrain(P,T,20,'sig',0)
% Y = elmtrain(P,IW,B,LW,TF,TYPE)
% Classification
% [IW,B,LW,TF,TYPE] = elmtrain(P,T,20,'sig',1)
% Y = elmtrain(P,IW,B,LW,TF,TYPE)
% See also ELMTRAIN
% Yu Lei,11-7-2010
% Copyright www.matlabsky.com
% $Revision:1.0 $
if nargin<6
    error('ELM:Arguments','Not enough input arguments.');
end
% Calculate the Layer Output Matrix H
Q=size(P,2);
BiasMatrix=repmat(B,1,Q);
tempH=IW*P+BiasMatrix;
switch TF
    case 'sig'
        H=1./(1+exp(-tempH));
    case 'sin'
        H=sin(tempH);
    case 'hardlim'
        H=hardlim(tempH);
end
% Calculate the Simulate Output
Y=(H'*LW)';
if TYPE==1
    temp_Y=zeros(size(Y));
    for i=1:size(Y,2)
        [max_Y,index]=max(Y(:,i));
        temp_Y(index,i)=1;
    end
    Y=vec2ind(temp_Y);
end
```

7.6.2 极限学习机算法示例

【例 7-6】植物的分类与识别是植物学研究和农林业生产经营中的重要基础工作，对于区分植物种类、探索植物间的亲缘关系、阐明植物系统的进化规律具有重要意义。目前常用的植物种类鉴别方法是利用分类检索表进行鉴定，但该方法花费时间较多，且分类检索表的建立是一件费时费力的工作，需要投入大量的财力物力。

叶片是植物的重要组成部分，叶子的外轮廓是其主要形态特征。在提取叶子形态特征的基础上，利用计算机进行辅助分类与识别成为当前的主要研究方向，同时也是研究的热点与重点。

现采集到 150 组 3 种不同类型鸢尾花（Setosa、Versicolour 和 Virginica）的数据集（详见第 7 章源程序的 iris_data.mat 文件），每种类型各 50 组数据（其中，样本编号 1 ~ 50 为 Setosa，51 ~ 100 为 Versicolour，101 ~ 150 为 Virginica）。每组数据都包含 4 种属性：萼片长度、萼片宽度、花瓣长度和花瓣宽度，后两种属性与鸢尾花类型呈现较好的线性关系，后两种属性与鸢尾花类型呈现非线性关系，可以通过这 4 种属性识别出鸢尾花属于 Setosa、Versicolour 和 Virginica 中的哪种类型。

现要求利用 ELM 建立鸢尾花种类识别模型，并对模型的性能进行评价。

✪Matlab 程序

```
clear,clc
% 训练集/测试集产生
load iris_data.mat
% 随机产生训练集和测试集
P_train=[];T_train=[];P_test=[];T_test=[];
for i = 1:3
    temp_input=features((i-1)*50+1:i*50,:);
    temp_output=classes((i-1)*50+1:i*50,:);
    n=randperm(50);
    % 训练集—120 个样本
    P_train=[P_train temp_input(n(1:40),:)'];
    T_train=[T_train temp_output(n(1:40),:)'];
    % 测试集—30 个样本
    P_test=[P_test temp_input(n(41:50),:)'];
    T_test=[T_test temp_output(n(41:50),:)'];
end
% ELM 创建/训练
[IW,B,LW,TF,TYPE]=elmtrain(P_train,T_train,20,'sig',1);
% ELM 仿真测试
T_sim_1=elmpredict(P_train,IW,B,LW,TF,TYPE);
T_sim_2=elmpredict(P_test,IW,B,LW,TF,TYPE);
% 结果对比
```

```
result_1=[T_train',T_sim_1'];result_2=[T_test',T_sim_2'];
% 训练集正确率
k1=length(find(T_train==T_sim_1));n1=length(T_train);
Accuracy_1=k1/n1*100;
disp(['训练集正确率 Accuracy = ',num2str(Accuracy_1),'%(',num2str(k1),...
    '/',num2str(n1),')'])
% 测试集正确率
k2=length(find(T_test==T_sim_2));n2=length(T_test);
Accuracy_2=k2/n2*100;
disp(['测试集正确率 Accuracy = ',num2str(Accuracy_2),'%(',num2str(k2),...
    '/',num2str(n2),')'])
% 绘图
figure
plot(1:30,T_test,'bo',1:30,T_sim_2,'r-*'),grid on
xlabel('测试集样本编号'),ylabel('测试集样本类别')
string={'测试集预测结果对比(ELM)';['(正确率 Accuracy = ',...
    num2str(Accuracy_2),'%)']};
title(string),legend('真实值','ELM 预测值')
```

✪程序运行结果

训练集正确率 Accuracy = 98.3333%(118/120)

测试集正确率 Accuracy = 100%(30/30)

程序运行图如图 7-14 所示。

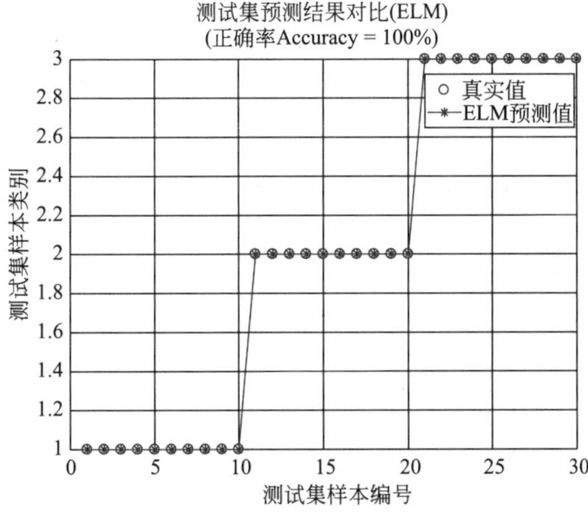

图 7-14　测试集 ELM 预测结果与真实值结果对比

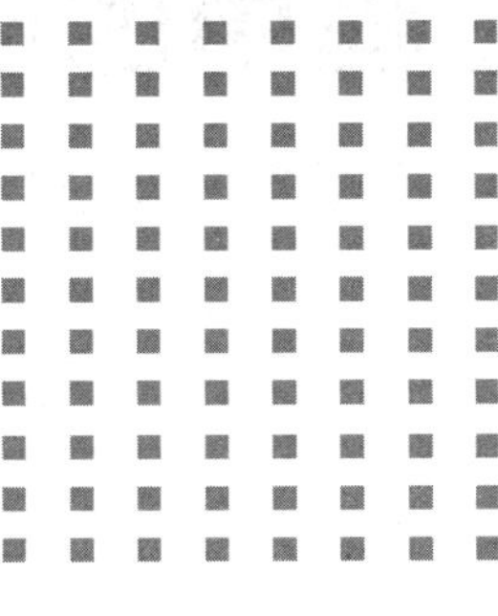

第二篇

Matlab 在土木工程专业中的应用

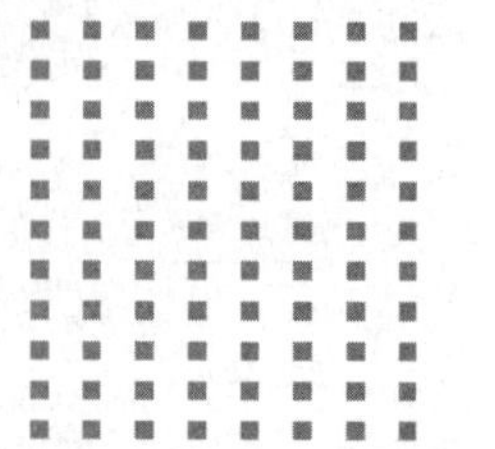

第8章 Matlab在建筑工程中的应用

土木工程专业一般设有建筑工程、道路与桥梁工程和岩土与地下工程三个专业方向，其中建筑工程方向主要培养掌握材料力学、结构力学、房屋建筑学、建筑材料、混凝土结构设计、钢结构、建筑结构抗震和高层建筑结构等主要基础理论和专业知识，具备工业与民用建筑工程的规划、设计、施工、监理、管理和研究等能力的高素质技能型专门人才。本章内容主要介绍了 Matlab 在建筑工程中的 10 个典型应用案例，每个案例包含理论解析、Matlab 程序和程序运行结果，方便用户快速理解和掌握 Matlab 工程计算相关知识，旨在培养和提高灵活运用 Matlab 编程解决建筑工程中的普遍和复杂专业问题的能力。

【例 8-1】 由 3 根杆组成的桁架如图 8-1 所示，其中重物 $P=3000\,\text{N}$，各杆的截面积分别为 $A_1=200\times10^{-6}\,\text{m}^2$，$A_2=300\times10^{-6}\,\text{m}^2$，$A_3=400\times10^{-6}\,\text{m}^2$，材料的弹性模量 $E=2.0\times10^{11}\,\text{N}/\text{m}^2$，求各杆受力的大小。

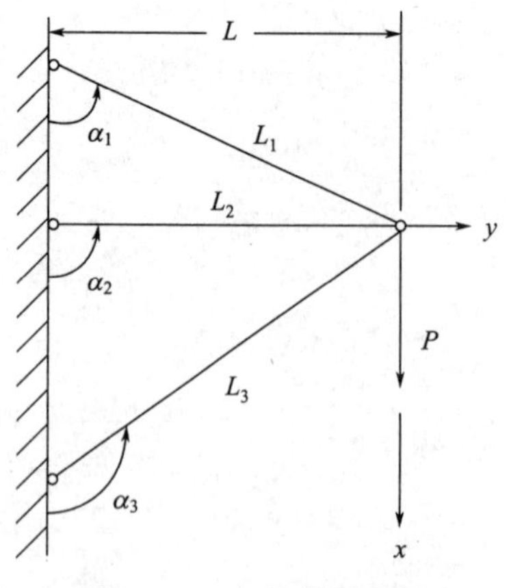

图 8-1　三杆桁架受力图

✪解析

满足的力平衡方程和变形方程如下：

$$-N_1\cos\alpha_1 - N_2 - N_3\cos\alpha_3 = 0 \tag{8-1}$$

$$N_1\sin\alpha_1 - N_3\sin\alpha_3 = 0 \tag{8-2}$$

$$N_1 / K_1 = \Delta x\cos\alpha_1 + \Delta y\sin\alpha_1 \tag{8-3}$$

$$N_2/K_2 = \Delta y \tag{8-4}$$

$$N_3 / K_3 = \Delta x\cos\alpha_3 - \Delta y\sin\alpha_3 \tag{8-5}$$

式中，N_1、N_2、N_3为各杆的内力；K_1、K_2、K_3为各杆的刚度系数；Δx、Δy为x和y方向的位移。

求解出上述含有5个变量（N_1、N_2、N_3、Δx和Δy）的5个方程组成的线性方程组即可。

✪Matlab程序

```
clear,clc
P=3000;E=2e11; L=2;A1=200e-6;A2=300e-6;A3=400e-6;
a1=pi/3;a2=pi/2;a3=3*pi/4;
L1=L/sin(a1);L2=L/sin(a2);L3=L/sin(a3);
K1=E*A1/L1;K2=E*A2/L2;K3=E*A3/L3;
D=[cos(a1),cos(a2),cos(a3),0,0;sin(a1),sin(a2),sin(a3),0,0;1/K1,0,0,-cos(a1),...
-sin(a1);0,1/K2,0,-cos(a2),-sin(a2);0,0,1/K3,-cos(a3),-sin(a3)]; %给系数矩阵赋值
B=[P;0;0;0;0];X=D^(-1)*B;format long,X
```

✪程序运行结果

X =

```
   1.0e+03 *
   1.763406070655907
   0.591142510296335
  -2.995724296572969
   0.000000169490965
   0.000000019704750
```

【例 8-2】长为$L = 2.0\,\mathrm{m}$的悬臂梁如图8-2所示，左端固定，在离固定端$L_1 = 1.5\,\mathrm{m}$处施加力$P = 2000\,\mathrm{N}$，已知弹性模量$E = 2.0\times10^{11}\,\mathrm{N/m^2}$，截面惯性矩$I = 2.0\times10^{-5}\,\mathrm{m^4}$，求悬臂梁的弯矩、转角和挠度。

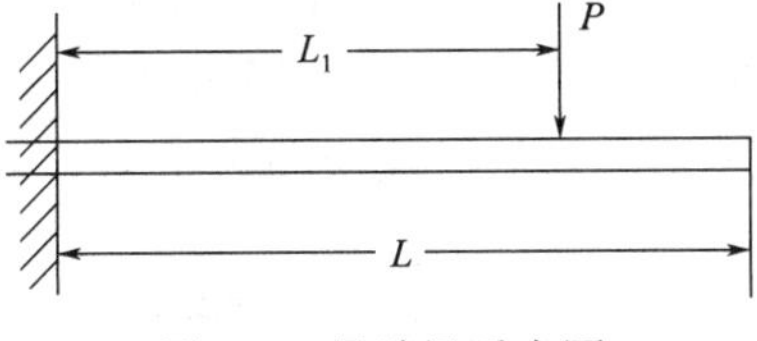

图8-2 悬臂梁受力图

✪解析

弯矩满足：

$$M = \begin{cases} -P(L_1 - x) & 0 \leqslant x \leqslant L_1 \\ 0 & L_1 \leqslant x \leqslant L \end{cases} \tag{8-6}$$

转角满足：

$$A=\int_0^x (M/EI)\mathrm{d}x \tag{8-7}$$

挠度满足：

$$Y=\int_0^x A\mathrm{d}x \tag{8-8}$$

✪Matlab 程序

```
clear,clc
L=2;P=2000;L1=1.5;E=2e11;I=2e-5;
dx=L/100;x=0:dx:L;n1=L1/dx+1;
M1=-P*(L1-x(1:n1));M2=zeros(1,101-n1);M=[M1,M2];
A=cumsum(M)*dx/(E*I); Y=cumsum(A)*dx;
subplot(3,1,1),plot(x,M),ylabel('M/(N.m)'),grid on
subplot(3,1,2),plot(x,A),ylabel('A'),grid on
subplot(3,1,3),plot(x,Y),ylabel('Y/m'),xlabel('x/m'),grid on
```

✪程序运行结果

程序运行图如图 8-3 所示。

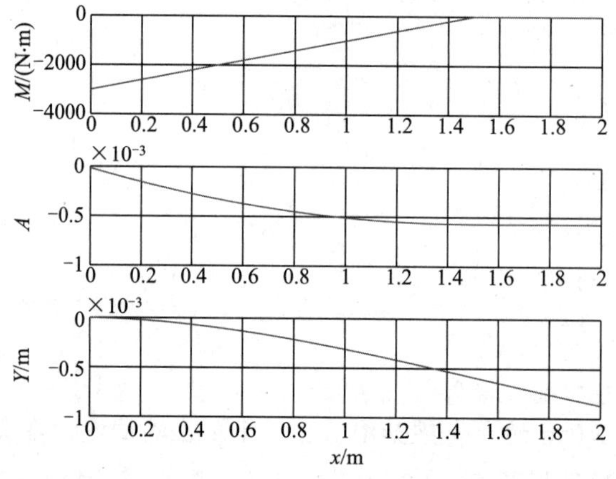

图 8-3 悬臂梁的弯矩、转角和挠度曲线

【例 8-3】 钢筋混凝土简支梁截面尺寸为 300mm×150mm，跨度为 2000mm，集中荷载作用于梁的跨中，试验获得的集中荷载（P）及对应跨中挠度（f）数据如表 8-1 所示。假定荷载-挠度曲线满足指数函数形式：$f=a\mathrm{e}^{bP}$，试回归该简支梁的荷载-挠度模型。

表 8-1 集中荷载及跨中挠度试验数据

P/kN	3	6	9	12	15	18	20	21.6	22.1	22.5
f/mm	0.07	0.13	0.17	0.19	0.22	0.26	0.30	0.33	0.36	0.39

✪解析

本题可以直接采用非线性回归命令 nlinfit 求解，也可以通过公式的变形处理后采用多项式拟合命令 polyfit 或一元线性回归命令 regress 求解，此处采用 polyfit 命令。

将指数函数两边取自然对数，得：

$$\ln f = bP + \ln a \tag{8-9}$$

令：

$$\begin{cases} y = \ln f \\ x = P \\ c = \ln a \end{cases} \tag{8-10}$$

则可得一次多项式：

$$y = bx + c \tag{8-11}$$

通过 polyfit 命令可以回归（拟合）出参数 b，c 的值，进一步由下式求出 a：

$$a = \mathrm{e}^{c} \tag{8-12}$$

✪Matlab 程序

```
clear,clc
P=[3,6,9,12,15,18,20,21.6,22.1,22.5];
f=[0.07,0.13,0.17,0.19,0.22,0.26,0.30,0.33,0.36,0.39];
y=log(f);x=P;p1=polyfit(x,y,1);a=exp(p1(2)),b=p1(1)
P2=3:0.1:22.5;f2=a*exp(b*P2);fr=a*exp(b*P); r2=1-(sum((fr-f).^2) /sum((f-mean(f)).^2))
plot(P,f,'r*',P2,f2,'k-'),xlabel('P/KN'),ylabel('f/mm'),grid on
legend('实测值','预测值')
```

✪程序运行结果

```
a =
    0.0735
b =
    0.0726
r2 =
    0.9712
```

程序运行图如图 8-4 所示。

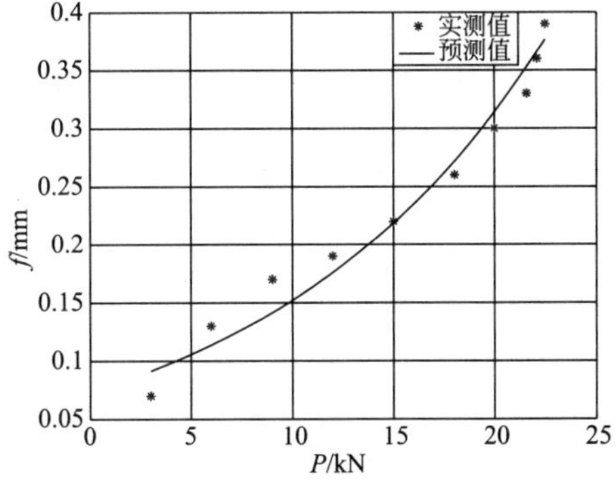

图 8-4　简支梁的荷载-挠度回归模型

【例 8-4】预制构件厂需大批加工甲、乙两种型号的钢筋。加工甲种钢筋每 100 支可盈利 50 元，需人工 2 工日，钢筋调直机 0.1 台班，对焊机 0.08 台班；加工乙种钢筋每 100 支可盈利 65 元，需人工 4 工日，钢筋调直机 0.15 台班，对焊机 0.1 台班。钢筋班有 30 名工人，各种机械只有 1 台，调直机每天可开动 8h，对焊机每天只能开动 6h。问钢筋班应如何安排加工，才能获得最大利润？

✪解析

要获得最大利润，甲种钢筋每天加工 $100x_1$，乙种钢筋每天加工 $100x_2$。其中，8h、6h 分别换算为 1 台班、0.75 台班。

目标函数：

$$f_{\max}(x) = 50x_1 + 65x_2 \tag{8-13}$$

等效为：

$$f_{\min}(x) = -(50x_1 + 65x_2) \tag{8-14}$$

约束函数：

$$\begin{cases} 0.08x_1 + 0.1x_2 \leqslant 0.75 & （对焊机） \\ 0.1x_1 + 0.15x_2 \leqslant 1 & （调直机） \\ 2x_1 + 4x_2 \leqslant 30 & （工人数） \end{cases} \tag{8-15}$$

通过 linprog 命令对线性规划模型求解即可。

✪Matlab 程序

```
clear,clc
f=[-50;-65];Aeq=[];beq=[];A=[0.08,0.1;0.1,0.15;2,4];b=[0.75;1;30];
lb=[0;0];ub=[30;30];
[x,fval]=linprog(f,A,b,Aeq,beq,lb,ub);
x=x,fmax=-fval
```

✪程序运行结果

```
Optimization terminated.
x =
    6.2500
    2.5000
fmax =
    475.0000
```

【例 8-5】预制某轴心受压砖柱，截面 $b \times h = 490\text{mm} \times 370\text{mm}$，柱计算高度 $H_0 = 5\,\text{m}$，采用强度等级为 MU10 的烧结普通砖及强度等级为 M5 的水泥砂浆砌筑，柱底承受轴力压力设计值 $N = 150\text{kN}$，结构安全等级为二级，施工质量控制等级为 B 级。试验算此柱底截面是否安全。

✪解析

砌体轴压承载力计算公式包括:

$$A = b \times h \tag{8-16}$$

$$\gamma_\alpha = 0.7 + A \tag{8-17}$$

$$\beta = \gamma_\beta \frac{H_0}{h} \tag{8-18}$$

$$\varphi = \frac{1}{1+\alpha\beta^2} \tag{8-19}$$

$$N_r = \gamma_a \varphi f A \text{(判断是否满足} N_r \geqslant N \text{,满足则安全)} \tag{8-20}$$

式中，A 为截面面积；γ_α 为调整系数；γ_β 为不同砌体的高厚比修正系数；β 为构件高厚比；α 为与砂浆强度等级有关的系数；φ 为轴压构件稳定系数；f 为砌体抗压强度设计值；N_r 为砌体轴压承载力；N 为砌体轴向力设计值。

✪Matlab 程序

```
clear,clc
b=0.49;h=0.37;A=b*h; ra=0.7+A;
H0=5;aB=1.0;B=aB*H0/h; a=0.0015;fai=1/(1+a*B^2);f=1.5e6;N=150e3;
Nr=ra*fai*f*A
if Nr>=N
   disp('柱底截面安全！')
else
   disp('柱底截面不安全！')
end
```

✪程序运行结果

```
Nr =
   1.8814e+05
柱底截面安全！
```

【例 8-6】绘制单自由度系统在单脉冲荷载 $F(t)=F_1\delta(t)$ 和双脉冲荷载 $F(t)=F_1\delta(t)+F_2\delta(t-\tau)$ 作用下的响应曲线。假设系统参数：$m=5\text{kg}$，$k=2000\text{N/m}$，$c=10\text{N}\bullet\text{s/m}$，$F_1=20\text{N}\bullet\text{s}$，$F_2=10\text{N}\bullet\text{s}$，脉冲时间间隔 $t_0=0.2\text{s}$。

✪解析

利用杜哈梅积分求得结构在单脉冲和双脉冲荷载作用下的响应分别为:

$$x_1(t) = \frac{F_1}{m\omega_d} \mathrm{e}^{-\zeta\omega_n t} \sin\omega_d t \tag{8-21}$$

$$x_2(t) = \begin{cases} \dfrac{F_1}{m\omega_d}\mathrm{e}^{-\zeta\omega_n t}\sin\omega_d t & 0 \leqslant t \leqslant t_0 \\ \dfrac{F_1}{m\omega_d}\mathrm{e}^{-\zeta\omega_n t}\sin\omega_d t + \dfrac{F_2}{m\omega_d}\mathrm{e}^{-\zeta\omega_n(t-\omega)}\sin\omega_d(t-\tau) & t \geqslant t_0 \end{cases} \tag{8-22}$$

式中，ζ 为阻尼比，$\zeta=\dfrac{c}{2\sqrt{km}}$；$\omega_n$ 为固有频率，$\omega_n=\sqrt{\dfrac{k}{m}}$；$\omega_d$ 为振动频率，$\omega_d=\omega_n\sqrt{1-\zeta^2}$。

✪Matlab 程序

```
clear,clc
m=5;k=2000;c=10;F1=20;F2=10;t0=0.2;wn=sqrt(k/m);z=c/2/sqrt(k*m);wd=sqrt(1-...
z^2)*wn;
for i=1:1001
    t(i)=(i-1)*5/1000;
    x1(i)=F1/m/wd*exp(-z*wn*t(i))*sin(wd*t(i));
    if t(i)>0.2
        x2(i)=F1/m/wd*exp(-z*wn*t(i))*sin(wd*t(i))+F2/m/wd*exp(-z*wn*(t(i)-...
        t0))*sin(wd*t(i)-t0);
    else
        x2(i)=F1/m/wd*exp(-z*wn*t(i))*sin(wd*t(i));
    end
end
plot(t,x1,'k-',t,x2,'r--');xlabel('t/s');ylabel('x/m');grid on;
legend('单脉冲', '双脉冲')
```

✪程序运行结果

程序运行图如图 8-5 所示。

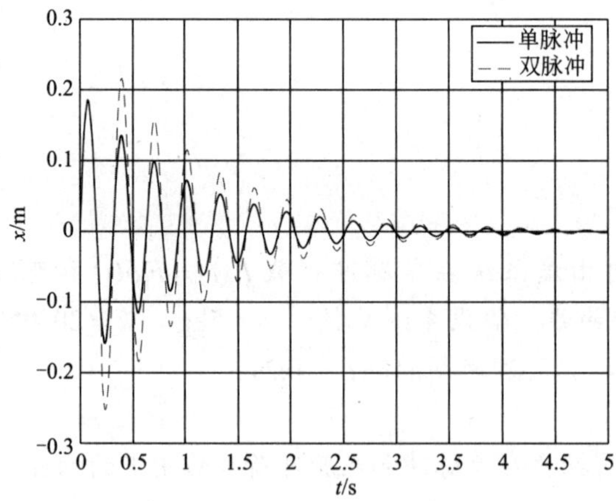

图 8-5　单自由度系统在单脉冲和双脉冲荷载作用下的响应曲线

【例 8-7】绘制无阻尼单自由度简谐激励系统的瞬时、稳态和总响应曲线。假设系统参数：$m=2\,\text{kg}$，$k=50\,\text{N/m}$，$F_0=25\,\text{N}$，$\omega=1\,\text{rad/s}$，初始条件 $x_0=0.2\,\text{m/s}$，$v_0=0$。

✪解析

设系统受到正弦激励作用，则系统的瞬态、稳态和总响应分别为:

$$x_1(t)=\frac{v_0}{\omega_n}\sin\omega_n t+x_0\cos\omega_n t \tag{8-23}$$

$$x_2(t)=\frac{F_0}{k[1-(\omega/\omega_n)^2]}[\sin\omega t-(\omega/\omega_n)\sin\omega_n t] \tag{8-24}$$

$$x(t)=x_1(t)+x_2(t) \tag{8-25}$$

✪Matlab 程序

```
clear,clc
t=0:0.01:25;m=2;k=50;F0=25;w=1;x0=0.2;v0=0;wn=sqrt(k/m);
x1=v0/wn*sin(wn*t)+x0*cos(wn*t);
x2=F0/k/(1-(w/wn)^2)*(sin(w*t)-(w/wn)*sin(wn*t));x=x1+x2;
subplot(3,1,1);plot(t,x1);ylabel('x_1/m');grid on;axis([0 25 -1 1]);
subplot(3,1,2);plot(t,x2);ylabel('x_2/m');grid on
subplot(3,1,3);plot(t,x);ylabel('x/m');xlabel('t/s');grid on
```

✪程序运行结果

程序运行图如图 8-6 所示。

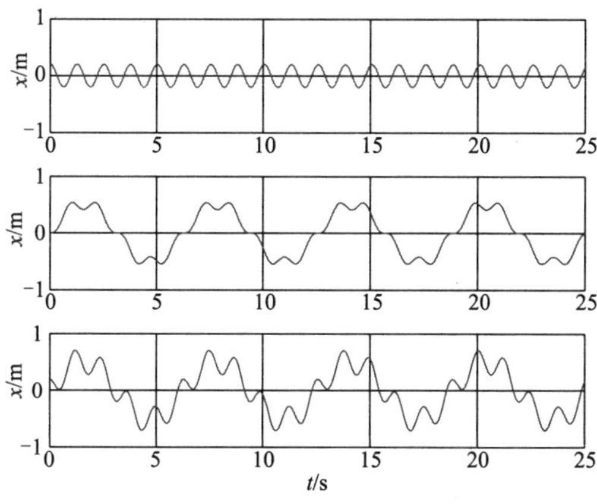

图 8-6 无阻尼单自由度简谐激励系统的瞬时、稳态和总响应曲线

【例 8-8】讨论基础激励下有阻尼系统的绝对位移传递率和相对位移传递率的幅频特性。

✪解析

在基础激励下有阻尼系统的绝对位移传递率和相对位移传递率的计算公式分别为:

$$T_d=\left[\frac{1+(2\zeta\lambda)^2}{(1-\lambda^2)^2+(2\zeta\lambda)^2}\right]^{\frac{1}{2}} \tag{8-26}$$

$$T_r=\frac{\lambda^2}{\sqrt{(1-\lambda^2)^2+(2\zeta\lambda)^2}} \tag{8-27}$$

式中，λ 为频率比；ζ 为阻尼比。

可见，影响传递率的因素有频率比和阻尼比。为此分别取阻尼比为 0.05、0.10、0.15、0.25、0.50 和 1.0，依次计算位移传递率在给定阻尼比下随频率比的变换规律。

✪Matlab 程序

```
clear,clc
la=0:0.01:3;u=[0.05,0.10,0.15,0.25,0.5,1.0];Nm=length(la);
for i=1:6
 for j=1:Nm
    Td(j)=sqrt(((1+(2*u(i)*la(j))^2)/((1-la(j)^2)^2+(2*u(i)*la(j))^2)));
    Tr(j)=sqrt(la(j)^2/((1-la(j)^2)^2+(2*u(i)*la(j))^2));
 end
 subplot(1,2,1),hold on,plot(la,Td)
 subplot(1,2,2),hold on,plot(la,Tr)
end
subplot(1,2,1),ylabel('T_d'),xlabel('\lambda'),grid on
subplot(1,2,2),ylabel('T_r');xlabel('\lambda'),grid on
```

✪程序运行结果

程序运行图如图 8-7 所示。

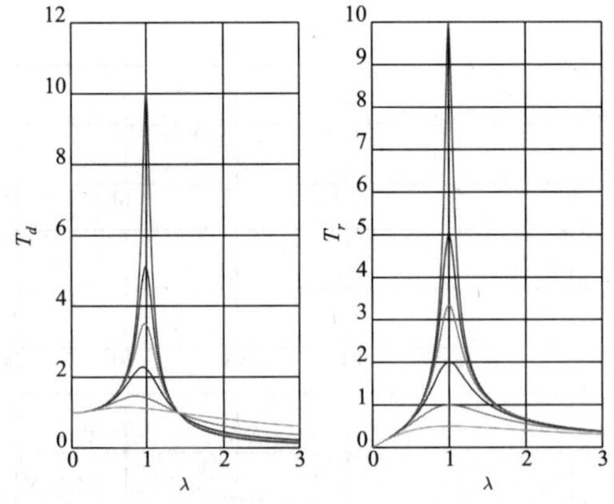

图 8-7 基础激励下有阻尼系统的绝对位移传递率和相对位移传递率的幅频特性曲线

【例 8-9】如图 8-8（a）所示，一栋 10 层框架建筑结构，已知 $m_1 = 2m$，其余各楼层质量均为 m，底层柱子 $k_1 = 2k$，其余各层柱子的抗侧移刚度均为 k。若按剪切串联模型简化，试画出该建筑结构前 6 阶主振型简图。

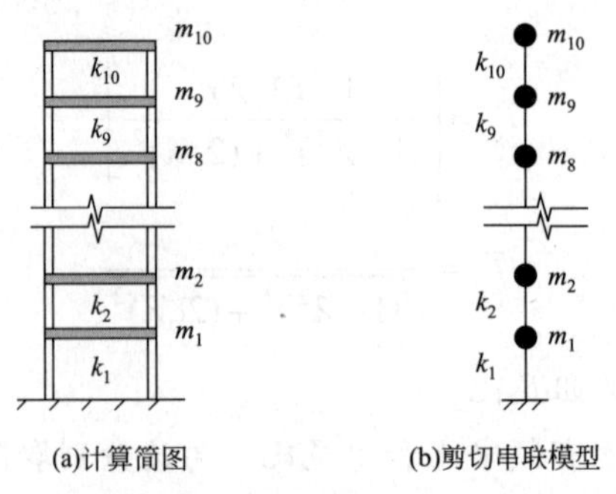

图 8-8 10 层框架建筑结构

✪解析

该建筑结构的剪切串联模型如图 8-8（b）所示，其质量矩阵为对角矩阵，主对角元素为：

$$m_{11}=2m\text{，}\quad m_{rr}=m\text{，}\quad r=2,3,\cdots,10 \tag{8-28}$$

该建筑结构的刚度矩阵为：

$$[\boldsymbol{k}]=k\begin{bmatrix} 3 & -1 & 0 & 0 & 0 & 0 & 0 & 0 & 0 & 0 \\ -1 & 2 & -1 & 0 & 0 & 0 & 0 & 0 & 0 & 0 \\ 0 & -1 & 2 & -1 & 0 & 0 & 0 & 0 & 0 & 0 \\ 0 & 0 & -1 & 2 & -1 & 0 & 0 & 0 & 0 & 0 \\ 0 & 0 & 0 & -1 & 2 & -1 & 0 & 0 & 0 & 0 \\ 0 & 0 & 0 & 0 & -1 & 2 & -1 & 0 & 0 & 0 \\ 0 & 0 & 0 & 0 & 0 & -1 & 2 & -1 & 0 & 0 \\ 0 & 0 & 0 & 0 & 0 & 0 & -1 & 2 & -1 & 0 \\ 0 & 0 & 0 & 0 & 0 & 0 & 0 & -1 & 2 & -1 \\ 0 & 0 & 0 & 0 & 0 & 0 & 0 & 0 & -1 & 1 \end{bmatrix} \tag{8-29}$$

系统的特征值问题方程为：

$$[\boldsymbol{A}]\{\boldsymbol{X}\}=\lambda\{\boldsymbol{X}\} \tag{8-30}$$

则：

$$[\boldsymbol{A}]=[\boldsymbol{m}]^{-1}[\boldsymbol{k}] \tag{8-31}$$

利用 Matlab 的 eig 命令直接求得该多自由度系统的特征值和特征向量，在绘制振型图时，取纵坐标为楼层，横坐标为规范化后的振型，并取顶层位移为正。

✪Matlab 程序

```
clear,clc
%输入矩阵维数、质量矩阵、刚度矩阵
N=10;M=eye(N);M(1,1)=2;
K=eye(N)*2;K(1,1)=3;K(N,N)=1;K(1,2)=-1;K(N,N-1)=-1;
for i=2:N-1
   K(i,i-1)=-1;
   K(i,i+1)=-1;
end
%计算多自由度系统的特征值和特征向量
A=inv(M)*K;
[V,D]=eig(A);
%计算固有频率并排序
la=diag(D);ww=sqrt(la);w=sort(ww);
%提取特征向量并按阶次排序
X=zeros(N+1,N); %特征向量扩展 1 行，对应 0 层（即地面）位移
for j=1:N
   for i =1:N
```

```
        if w(j)==ww(i)
            X(2:end,j)=V(:,i)/max(abs(V(:,i)))*sign(V(end,i));
        end
    end
end
ci=0:N;
    subplot(1,6,1),plot(X(:,1),ci,'k-o'),grid on,ylabel('楼层'),xlabel('1阶')
    subplot(1,6,2),plot(X(:,2),ci,'k-o'),grid on,xlabel('2阶')
    subplot(1,6,3),plot(X(:,3),ci,'k-o'),grid on,xlabel('3阶')
    subplot(1,6,4),plot(X(:,4),ci,'k-o'),grid on,xlabel('4阶')
    subplot(1,6,5),plot(X(:,5),ci,'k-o'),grid on,xlabel('5阶')
    subplot(1,6,6),plot(X(:,6),ci,'k-o'),grid on,xlabel('6阶')
```

✪程序运行结果

程序运行图如图 8-9 所示。

【例 8-10】某三层钢筋混凝土结构，结构的各层特性参数为：各层质量=[2762，2760，2300]kg，各层刚度 $k=[2.485\quad 1.921\quad 1.522]\times 10^4$ N/m。地震波采用 200gal EI Centro 波（详见第 8 章源程序的 EI_Centro.txt 文件），采样周期为 0.02s。

✪解析

用弹性时程分析法求解结构的地震反应的程序框图如图 8-10 所示，根据框图编制 Matlab 程序。

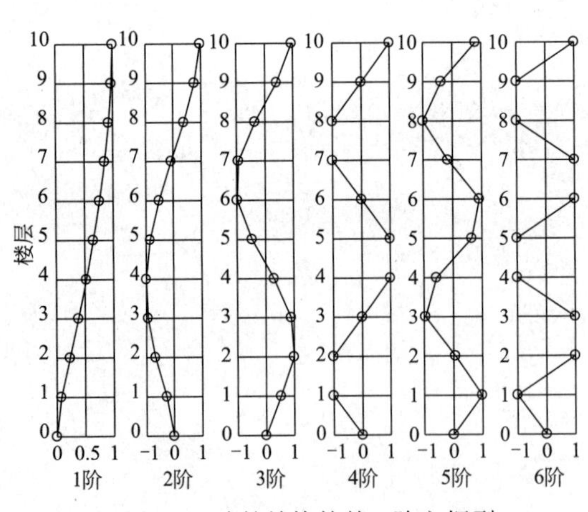

图 8-9 建筑结构的前 6 阶主振型

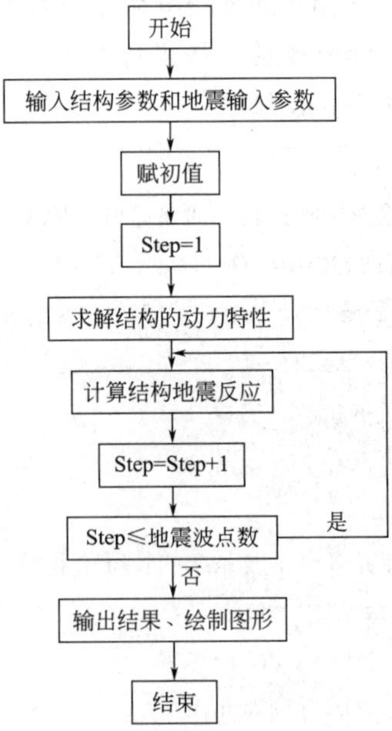

开始
输入结构参数和地震输入参数
赋初值
Step=1
求解结构的动力特性
计算结构地震反应
Step=Step+1
Step≤地震波点数
是
否
输出结果、绘制图形
结束

图 8-10 弹性时程分析法程序设计框图

✪Matlab 程序

```
clear,clc
h=[4000,3300,3300];m=[2.762,2.760,2.300]*1e+3;k0=[2.485,1.921,1.522]*1e+5;
```

```
cn=length(m);ct=1.4;dt=0.02;
load EI_Centro.txt
dzhbo=EI_Centro(:,2)
xs=200/max(abs(dzhbo));  %调整地震输入加速度幅值
ag=dzhbo*0.01*xs;
ndzh=400;ag1=ag(1:ndzh);ag2=ag(2:ndzh+1);agtao=ct*(ag2-ag1);
chsh=zeros(cn,1);wyi1=chsh;sdu1=chsh;jsdu1=chsh;
wyimt=chsh;sdumt=chsh;jsdumt=chsh;
unit=ones(cn,1);m=diag(m);[ik]=matrixju(k0,cn);
[x,d]=eig(ik,m);d=sqrt(d);w=sort(diag(d));
a=2*w(1)*w(2)*(0.05*w(2)-0.07*w(1))/(w(2)^2-w(1)^2);
b=2*(0.07*w(2)-0.05*w(1))/(w(2)^2-w(1)^2);
c0=a*m+b*ik;
for i=1:ndzh
 kxin=ik+(3/(ct*dt))*c0+(6/(ct*ct*dt*dt))*m;
 dpxin=-m*unit*agtao(i)+m*(6/(ct*dt)*sdu1+3*jsdu1)...
+c0*(3*sdu1+ct*dt/2*jsdu1);
 dxtao=kxin\dpxin;
 dtjsdu=6*dxtao/(ct*(ct^2*dt^2))-6*sdu1/(ct*ct*dt)-(3/ct)*jsdu1;
 jsdu=jsdu1+dtjsdu;
 dtsdu=(dt/2)*(jsdu+jsdu1);
 sdu=sdu1+dtsdu;
 dtwyi=dt*sdu1+(1/3)*dt^2*jsdu1+(dt^2/6)*jsdu;
 wyi=wyi1+dtwyi;
 jsdu=-m\(m*unit*ag2(i)+c0*sdu+ik*wyi);   %调整加速度
 wyi1=wyi;sdu1=sdu;jsdu1=jsdu;
 wyimt=[wyimt wyi*1000];sdumt=[sdumt sdu];jsdumt=[jsdumt jsdu];
end
t=0:dt:ndzh*dt;
subplot(2,1,1),plot(t,wyimt(3,:),'r-'),ylabel('位移/mm'),xlabel('时间/s')
subplot(2,1,2),plot(t,jsdumt(3,:),'r-'),ylabel('加速度/m/s^{2}'),xlabel('时间/s')
```

✪Matlab 函数程序

```
function [kcju]=matrixju(korc,cn)
kcju=zeros(cn);
for i=1:cn-1
 kcju(i,i)=korc(i)+korc(i+1);
 kcju(i,i+1)=-korc(i+1);
 kcju(i+1,i)=-korc(i+1);
end
kcju(cn,cn)=korc(cn)
```

✪程序运行结果

程序运行图如图 8-11 所示。

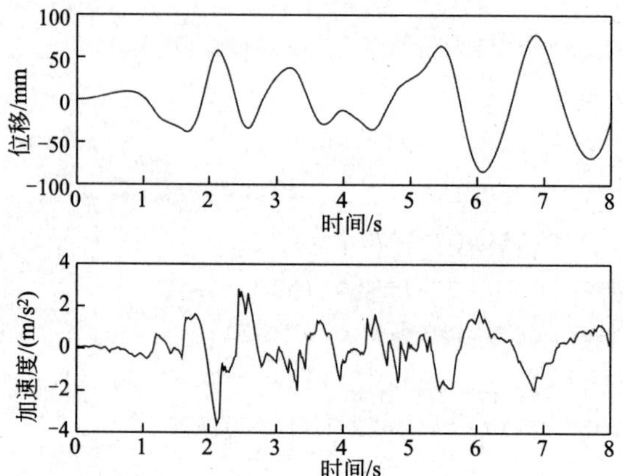

图 8-11　弹性时程分析法求解的结构顶层位移反应和加速度反应

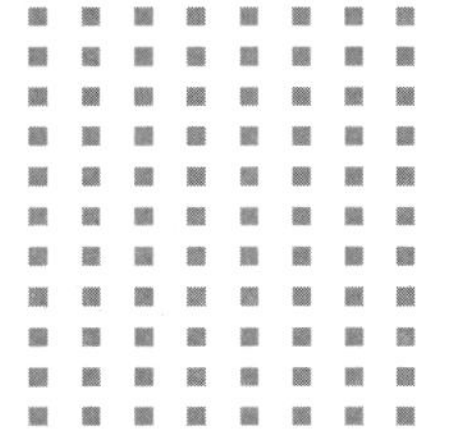

第9章 Matlab在道路与桥梁工程中的应用

土木工程专业一般设有建筑工程、道路与桥梁工程和岩土与地下工程三个专业方向。其中道路与桥梁工程方向主要培养掌握流体力学、工程测量、工程地质、道路勘测设计、城市道路与立体交叉、路基路面工程、桥梁工程和交通运输工程等主要基本理论和专业知识，具备道路工程、桥梁工程及交通运输工程的规划、设计、施工、监理、管理和研究等能力的高素质技能型专门人才。本章内容主要介绍 Matlab 在道路与桥梁工程中的 10 个典型应用案例，每个案例包含理论解析、Matlab 程序和程序运行结果，方便用户快速理解和掌握 Matlab 工程计算相关知识，旨在培养和提高灵活运用 Matlab 编程解决道路与桥梁工程中的普遍和复杂专业问题的能力。

【例 9-1】 某坐标附和导线（三级），1 号点（高级控制点）坐标为（27654.173，16814.216），6 号点（高级控制点）的坐标为（29654.250，20547.146），用全站仪测得各导线点的坐标如下：

$$x_2 = 26861.436\text{，}\quad y_2 = 18173.156$$

$$x_3 = 27150.098\text{，}\quad y_3 = 18173.156$$

$$x_4 = 27286.434\text{，}\quad y_4 = 20219.444$$

$$x_5 = 29104.742\text{，}\quad y_5 = 20331.319$$

$$x_6 = 29564.269\text{，}\quad y_6 = 20547.130$$

试进行坐标平差计算。

✪解析

坐标闭合差：

$$f_x = x_6 - X_6 \tag{9-1}$$

$$f_y = y_6 - Y_6 \tag{9-2}$$

导线全长闭合差：

$$f=\sqrt{f_x^2+f_y^2} \tag{9-3}$$

导线全长相对闭合差:

$$K=\frac{f}{\sum D} \tag{9-4}$$

式中，$\sum D$为导线全长。

各点坐标改正值:

$$V_{xi}=-f_x(D_1+D_2+\cdots+D_{i-1})/\sum D \tag{9-5}$$

$$V_{yi}=-f_y\left(D_1+D_2+\cdots+D_{i-1}\right)/\sum D \tag{9-6}$$

式中，D_i为第 i 段导线的长度。

改正后各点坐标:

$$X_i=x_i+V_{xi} \tag{9-7}$$

$$Y_i=y_i+V_{yi} \tag{9-8}$$

✪Matlab 程序

```
clear,clc
DJ=input('一级导线-1; 二级导线-2; 三级导线-3; ');
if DJ==1
   KR=1/15000;
elseif DJ==2
   KR=1/10000;
elseif DJ==3
   KR=1/5000;
end
Xi=[27654.173,26861.436,27150.098,27286.434,29104.742,29564.269];%实测横坐标
Yi=[16814.216,18173.156,18988.951,20219.444,20331.319,20547.130];%实测纵坐标
n=length(Xi);Xn=29564.250;Yn=20547.146;
Tx=diff(Xi);Ty=diff(Yi);Di=sqrt(Tx.^2+Ty.^2);ZD=sum(Di);
Fx=Xi(n)-Xn;Fy=Yi(n)-Yn;F=sqrt(Fx^2+Fy^2);K=F/ZD;
disp('纵横坐标闭合差值(单位:m)'),Fx,Fy
VX=zeros(1,n);VY=VX;
if K<=KR
   QD=0;
for i=2:n
QD=QD+Di(i-1);
VX(i)=-Fx/ZD*QD;VY(i)=-Fy/ZD*QD;
Xi(i)=Xi(i)+VX(i);Yi(i)=Yi(i)+VY(i);
end
end
```

```
disp('各导线点坐标改正值[VX VY](单位:m)');disp(VX),disp(VY)
disp('改正后各导线点坐标[Xi Yi](单位:m)');disp(Xi),disp(Yi)
```

✪程序运行结果

```
一级导线-1；二级导线-2；三级导线-3；3（键盘输入 3）
纵横坐标闭合差值(单位:m)
Fx =
    0.0190
Fy =
   -0.0160
各导线点坐标改正值[VX VY](单位:m)
         0   -0.0050   -0.0077   -0.0116   -0.0174   -0.0190
         0    0.0042    0.0065    0.0098    0.0146    0.0160
改正后各导线点坐标[Xi Yi](单位:m)
   1.0e+04 *
    2.7654    2.6861    2.7150    2.7286    2.9105    2.9564
   1.0e+04 *
    1.6814    1.8173    1.8989    2.0219    2.0331    2.0547
```

【例 9-2】某二级公路设计速度为 60km/h，已知 JD_3 的桩号为 K0+750.00，偏角为右偏 13°30′，平面线形为单圆曲线，圆曲线半径为 600m，JD_3 到 JD_4 的距离为 320m。试计算 JD_4 的桩号。

✪解析

平（圆）曲线要素计算公式：

$$T = R\tan(\alpha/2) \tag{9-9}$$

$$L = \frac{\pi}{180}\alpha R \tag{9-10}$$

$$E = R[\sec(\alpha/2) - 1] \tag{9-11}$$

$$D = 2T - L \tag{9-12}$$

式中，T 为切线长；R 为圆曲线半径；α 为曲线转角；L 为圆曲线长；E 为圆曲线外距；D 为切曲差。

JD_4 桩号：

$$JD_4\text{桩号} = JD_3\text{桩号} - T + L + \overline{JD_3JD_4} - T = JD_3\text{桩号} + \overline{JD_3JD_4} - D \tag{9-13}$$

式中，$\overline{JD_3JD_4}$ 为 JD_3 到 JD_4 的（直线段）距离。

✪Matlab 程序

```
clear,clc
R=600;alpha=13.5;T=R*tan((alpha/2)*pi/180);L=(pi/180)*alpha*R;
E=R*(sec((alpha/2)*pi/180)-1);D=2*T-L;
```

```
ZH4=750+320-D;ZH4_1=fix(ZH4/1000);
ZH4_2=ZH4-ZH4_1*1000;ZH4_3=['K',num2str(ZH4_1),'+',num2str(ZH4_2)];
disp('JD4 的桩号为：'),disp(ZH4_3)
```

✪程序运行结果

```
JD4 的桩号为:
K1+69.3423
```

【例 9-3】江苏某段二级公路，变坡点的桩号为 K5+030.00，高程为 427.68，$i_1=5\%$，$i_2=-4\%$，竖曲线半径 $R=2000\text{m}$，试计算竖曲线各要素及其桩号点为 K5+000.00，K5+050.00 和 K5+100.00 处的设计高程。

✪解析

竖曲线要素计算公式：

$$\omega = i_2 - i_1 \tag{9-14}$$

$$L = R\boldsymbol{\omega} \tag{9-15}$$

$$T = \frac{L}{2} \tag{9-16}$$

$$E = \frac{T^2}{2R} \tag{9-17}$$

式中，i_1、i_2 为相邻直坡段的坡度；$\boldsymbol{\omega}$ 为坡度差，$\boldsymbol{\omega}$ 为“+”时表示竖曲线为凹曲线，$\boldsymbol{\omega}$ 为“-”时表示竖曲线为凸曲线；L 为竖曲线长；R 为竖曲线半径；T 为竖曲线切线长；E 为竖曲线外距。

设计高程计算公式：

$$h_i = \frac{{x_i}^2}{2R} \tag{9-18}$$

$$H_i = H_i' \pm h_i \text{（凹曲线取“+”，凸曲线取“−”）} \tag{9-19}$$

式中，x_i 为某桩号处的横距；h_i 为某桩号处的竖距；H_i' 为某桩号处的切线高程；H_i 为某桩号处的设计高程。

✪Matlab 程序

```
clear,clc
Bzh=input('变坡点桩号 Bzh=');Bgch=input('变坡点高程 Bgch=');
i1=input('变坡点坡度 i1=');i2=input('变坡点坡度 i2=');R=input('竖曲线半径 R=');
W=i2-i1;
if W>0
   disp('----经判断为凹形竖曲线----');
elseif W<0
   disp('----经判断为凸形竖曲线----');
end
L=R*abs(W);T=L/2;E=T^2/(2*R);Qzh=Bzh-T;Qgch=Bgch-T*i1;
```

```
zh=input('zh=(0 为退出)');
while(zh~=0)
    x1=zh-Qzh;
    h1=x1^2/(2*R);
    Tgch=Qgch+x1*i1;
    Dgch=Tgch-h1;
    ZH=fix(zh/1000);ZH1=zh-1000*ZH;
    ZH2=['该桩号点K',num2str(ZH),'+',num2str(ZH1),'  ','设计高程为:',num2str(Dgch)];
    disp(ZH2)
    zh=input('zh=(0 为退出)');
end
disp('程序运行结束！');
```

✪程序运行结果

```
变坡点桩号 Bzh=5030（键盘输入 5030）
变坡点高程 Bgch=427.68（键盘输入 427.68）
变坡点坡度 i1=0.05（键盘输入 0.05）
变坡点坡度 i2=-0.04（键盘输入-0.04）
竖曲线半径 R=2000（键盘输入 2000）
----经判断为凸形竖曲线----
zh=(0 为退出)5000（键盘输入 5000）
该桩号点 K5+0   设计高程为:425.28
zh=(0 为退出)5050（键盘输入 5050）
该桩号点 K5+50   设计高程为:425.655
zh=(0 为退出)5100（键盘输入 5100）
该桩号点 K5+100   设计高程为:424.78
zh=(0 为退出)0（键盘输入 0）
程序运行结束！
```

【例 9-4】某公路路线的路面宽 9m，每侧路肩宽 0.75m，路拱横坡 1.5%，路肩横坡 2.5%，该公路某弯道起点桩号为 7680.55，终点桩号为 7804.86，缓和曲线长 50m，弯道内全加宽值为 1.3m，全超高坡度 7%，超高旋转轴为内边轴，加宽按直线过渡，请求出该弯道内所有中桩的超高和加宽值。

✪解析

绕内边线旋转超高值和加宽值计算公式如表 9-1 所示。表中，B 为路面宽度；b 为路基加宽值；b_x 为 x 距离处路基加宽值；b_j 为路肩宽度；i_g 为路拱横坡；i_j 为路肩横坡；i_h 为超高横坡度；L_c 为缓和曲线长；l_0 一般取 1m；x_0 为与路拱同坡度的单向超高点至超高缓和段起点的距离；x 为超高缓和段中任一点至起点的距离；h_c 为路肩外缘最大抬高值；h_c' 为路中线最大抬高值；h_c'' 为路基内缘最大降低值；h_{cx} 为 x 距离处路基外缘抬高值；h_{cx}' 为 x 距离处路基中线抬高值；h_{cx}'' 为 x 距离处路基内缘抬高值。

表 9-1　绕内边线旋转超高值和加宽值计算公式

超高位置		计算公式		备注
		$x \leqslant x_0$	$x > x_0$	
圆曲线	外缘 h_c	$b_j i_j + (b_j + B) i_h$		1．计算结果均为与设计高之差； 2．临界断面距过渡段起点：$x_0 = \frac{i_g}{i_h} L_c$； 3．x 距离处的加宽值：$b_x = kb = \frac{x}{L_c} b$； 4．内、外侧边线降低和抬高值是在 L_c 内按线性过渡，路容有要求时可采用高次抛物线过渡，此时 x 距离处的加宽值：$b_x = (4k^3 - 3k^4) b$。
	中线 h_c'	$b_j i_j + \frac{B}{2} i_h$		
	内缘 h_c''	$b_j i_j - (b_j + b) i_h$		
过渡段	外缘 h_{cx}	$b_j (i_j - i_g) + [b_j i_g + (b_j + B) i_h] \times \frac{x}{L_c}$		
	中线 h_{cx}'	$b_j i_j + \frac{B}{2} i_g$	$b_j i_j + \frac{B}{2} \times \frac{x}{L_c} i_h$	
	内缘 h_{cx}''	$b_j i_j - (b_j + b_x) i_g$	$b_j i_j - (b_j + b_x) \times \frac{x}{L_c} i_h$	

✪Matlab 程序

```
clear,clc
zh=7680.55;hz=7804.86;lh=50;b=1.3;ih=0.07;B=9;bj=1.5;ic=0.15;ij=0.25;Lc=50;
w=input('计算点桩号=');yh=hz-lh;
if w<=yh
    l=w-zh;
else
    l=hz-w;
end
if l>=Lc
    y=bj*ij+(bj+B)*ih;u=bj*ij+B/2*ih;n= bj*ij-(bj+b)*ih;
else
    y=bj*(ij-ic)+(bj*ij+(bj+B)*ih)*l/Lc;x0=ic/ih*Lc;
    if l<=x0
        u=bj*ij+B/2*ic;n=bj*ij-(bj+l/Lc*b)*ic;
    else
        u=bj*ij+B/2*l/Lc*ih;n=bj*ij-(bj+l/Lc*b)*l/Lc*ih;
    end
end
JiaK=input('[请选择加宽方式:默认为按直线过渡;0 为按高次抛物线]');
if JiaK==''
    Wx=b;
    if l<Lc
        Wx=l/Lc*b;
    end
else
    Wx=b;
```

```
    if l<Lc
        K=l/Lc;
        Wx=(4*K^3-3*K^4)*b;
    end
end
disp('路基加宽值：');disp(Wx)
disp('外缘超高：');disp(y)
disp('中线超高：');disp(u)
disp('内缘超高：');disp(n)
disp('程序运行结束！')
```

多次重复运行程序，运行结果如下：

✪程序运行结果

```
计算点桩号=7700（键盘输入 7700）
[请选择加宽方式:默认为按直线过渡;0 为按高次抛物线]（按 Enter 键）
路基加宽值：
    0.2168
外缘超高：
    0.5818
中线超高：
    1.0500
内缘超高：
    0.0741
程序运行结束！
计算点桩号=7720（键盘输入 7720）
[请选择加宽方式:默认为按直线过渡;0 为按高次抛物线]（按 Enter 键）
路基加宽值：
    1.0427
外缘超高：
    1.0258
中线超高：
    1.0500
内缘超高：
   -0.0039
程序运行结束！
计算点桩号=7740（键盘输入 7740）
[请选择加宽方式:默认为按直线过渡;0 为按高次抛物线]（按 Enter 键）
路基加宽值：
    1.3000
外缘超高：
```

```
    1.1100
中线超高：
    0.6900
内缘超高：
    0.1790
程序运行结束！
计算点桩号=7760（键盘输入 7760）
[请选择加宽方式:默认为按直线过渡;0 为按高次抛物线]（按 Enter 键）
路基加宽值：
    1.2284
外缘超高：
    1.1459
中线超高：
    1.0500
内缘超高：
   -0.0250
程序运行结束！
计算点桩号=7780（键盘输入 7780）
[请选择加宽方式:默认为按直线过渡;0 为按高次抛物线]（按 Enter 键）
路基加宽值：
    0.4008
外缘超高：
    0.7019
中线超高：
    1.0500
内缘超高：
    0.0530
程序运行结束！
计算点桩号=7800（键盘输入 7800）
[请选择加宽方式:默认为按直线过渡;0 为按高次抛物线]（按 Enter 键）
路基加宽值：
    0.0044
外缘超高：
    0.2579
中线超高：
    1.0500
内缘超高：
    0.1310
程序运行结束！
```

【例9-5】某黏土路堤高 H=10m，边坡坡度 1∶m=1∶1.5，由试验得到的容重 γ=16.66kN/m^3，内摩擦角 φ=22°，黏结力 c=9.8kPa，试采用圆弧滑动面条分法的表解法分析该路堤边坡的稳定性。

✪解析

稳定系数计算公式：

$$K = f \times A + \frac{c}{\gamma H} \times B \tag{9-20}$$

式中，A、B 为换算系数，通过查询表 9-2 确定；$f = \tan\varphi$。

路堤边坡稳定条件：

$$K_{\min} \geqslant 1.25 \tag{9-21}$$

表 9-2 边坡稳定验算的 A 和 B 值表

边坡坡度	滑动圆弧的圆心									
	O_1		O_2		O_3		O_4		O_5	
	A	B	A	B	A	B	A	B	A	B
1∶1	2.34	5.79	1.87	6.00	1.57	6.57	1.40	7.50	1.24	8.80
1∶1.25	2.64	6.05	2.16	6.35	1.82	7.03	1.66	8.02	1.48	9.65
1∶1.5	3.06	6.25	2.54	6.50	2.15	7.15	1.90	8.33	1.71	10.10
1∶1.75	3.44	6.35	2.87	6.58	2.50	7.22	2.18	8.50	1.96	10.41
1∶2	3.84	6.50	3.23	6.70	2.80	7.26	2.45	8.45	2.21	10.10
1∶2.25	4.25	6.64	3.58	6.80	3.19	7.27	2.84	8.30	2.53	9.80
1∶2.5	4.67	6.65	3.98	6.78	3.53	7.30	3.21	8.15	2.85	9.50
1∶2.75	4.99	6.64	4.33	6.78	3.86	7.24	3.59	8.02	3.20	9.21
1∶3	5.32	6.60	4.69	6.75	4.24	7.23	3.97	7.87	3.59	8.81

✪Matlab 程序

```
clear,clc
H=10;m=1.5;r=16.66;fai=22*pi/180;c=9.8;f=tan(fai);
disp('该边坡坡度为1:1.5')
disp('通过查表，确定出换算系数A和B分别为：')
A=input('A=（一行矩阵形式）：');
B=input('B=（一行矩阵形式）：');
K=f*A+c/(r*H)*B;Kmin=min(K);
if Kmin>=1.25
    disp(['Kin=',num2str(min(K)),',','该路堤边坡稳定！'])
else
    disp(['Kin=',num2str(min(K)),',','该路堤边坡不稳定！'])
end
```

运行程序，依次输入[3.06,2.54,2.15,1.90,1.71]和[6.25,6.50,7.15,8.33,10.10]后，得如下运行结果：

✪程序运行结果

```
该边坡坡度为1:1.5
通过查表，确定出换算系数A和B分别为:
A=（一行矩阵形式）：[3.06,2.54,2.15,1.90,1.71]
B=（一行矩阵形式）：[6.25,6.50,7.15,8.33,10.10]
Kin=1.2576，该路堤边坡稳定!
```

【例 9-6】某路段水泥混凝土面板厚度检测数据见表 9-3。保证率 95%，设计厚度 25cm，代表允许偏差 $\Delta h = 5\text{mm}$ ，试对该路段的板厚进行评价。

表 9-3 水泥混凝土路面板厚度检测结果（单位：cm）

24.8	25.1	25.1	24.6	24.7	25.4	25.2	25.3	24.7	24.9	24.7	24.9	25.0	25.4	25.2
25.1	25.0	25.0	25.5	25.4	24.9	24.8	25.3	25.3	25.2	25.0	25.1	24.8	25.0	25.1

✪解析

板厚代表值计算公式:

$$K = \overline{X} - \frac{t_\alpha S}{\sqrt{n}} \tag{9-22}$$

式中，$\overline{X}$ 为各检测点的板厚平均值；t_α 为 t 分布表中随检测点数和保证率而变化的系数；S 为检测数据的标准差；n 为检测点数。

板厚评价标准:

$$K > K_0 \tag{9-23}$$

式中，K_0 为板厚标准值。

✪Matlab 程序

```
clear,clc
A=[25.1,24.8,25.1,24.6,24.7,25.4,25.2,25.3,24.7,24.9,24.9,24.8,25.3,25.3,...
   25.2,25.0,25.1,24.8,25.0,25.1,24.7,24.9,25.0,25.4,25.2,25.1,25.0,25.0,25.5,25.4];
H0=25;DataH=0.5;a=0.95;K0= H0-DataH;E=mean(A);S=std(A);n=length(A);
Ta=tinv(a,n-1);K=E-S*Ta/sqrt(n);
disp(['实际K值:',num2str(K)])
disp(['评定标准K0值:',num2str(K0)])
if K>= K0
disp('-----满足要求-----');
else
disp('-----不满足要求-----');
end
```

✪程序运行结果

```
实际K值:24.9754
评定标准K0值:24.5
-----满足要求-----
```

【例 9-7】某地区道路网的示意图如图 9-1 所示，图中各路段的数据如表 9-4 所示，求任意两节点之间的最短路径。

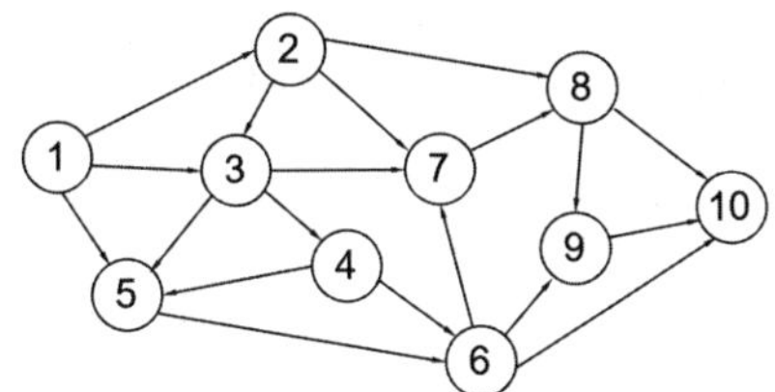

图 9-1　道路网示意图

✪解析

本题目属于解决最短路径（TSP）问题，求解方法采用海斯算法编制。

海斯算法是求网络中任意两点 v_i 和 v_j 之间的最短路径的一种算法，计算公式如下：

$$d_{ij}^{(m)} = \min_K \{d_{iK}^{(m-1)} + d_{Kj}^{(m-1)}\} \quad (i, j = 1, 2, \cdots, n; m = 1, 2, \cdots, n-2) \tag{9-24}$$

式中，$d_{ij}^{(m)}$ 为第 m 次迭代计算后从 v_i 到 v_j 的最短路径；$d_{ij}^{(0)}$ 为 v_i 到 v_j 的直接距离，若 v_i 和 v_j 之间的直接弧不存在，则 $d_{ij}^{(0)} = \infty$。

若途中有 n 个顶点，则通过 $n-1$ 次计算，即可算出各点之间的最短路径。

表 9-4　各路段计算数据表

路段顺序号	起点号	终点号	路段长
1	1	2	25
2	1	3	9
3	1	5	19
4	2	3	12
5	2	7	36
6	2	8	32
7	3	4	10
8	3	5	19
9	3	7	38
10	4	5	13
11	4	6	27
12	5	6	17
13	6	7	18
14	6	9	29
15	6	10	33
16	7	8	15
17	8	9	29
18	8	10	13
19	9	10	13

✪Matlab 程序

```
clear,clc
a0=10000;a=ones(10,10)*a0;n=length(a);
```

```
a(1,2)=25;a(1,3)=9;a(1,5)=19;a(2,3)=12;a(2,7)= 36;a(2,8)=32;
a(3,4)=10;a(3,5)=19;a(3,7)=38;a(4,5)=13;a(4,6)=27;
a(5,6)=17;a(6,7)=18;a(6,9)=29;a(6,10)=33;
a(7,8)=15;a(8,9)=29;a(8,10)=13;a(9,10)=13;
for i=1:n
    for j=1:n
        if i<j
            a(j,i)=a(i,j);
        elseif i==j
            a(i,j)=0;
        end
    end
end
%%%%%%%%%%%%%%%%%%%%%%%%%%%%%%%%%%%%
disp('各起点i与终点j之间的原始路径矩阵a:')
disp(num2str(a))
for i=1:n
    for j=1:n
        for k=1:max(i,j)
            if a(i,j)>a(i,k)+a(k,j)
                a(i,j)=a(i,k)+a(k,j);
            end
        end
    end
end
disp('各起点i与终点j之间的最短路径矩阵a:'),disp(a)
disp('此时，a(i,j)表示起点i与终点j之间的最短路径！')
disp('请输入对应的a(i,j):')
```

✪程序运行结果

```
各起点i与终点j之间的原始路径矩阵a:
    0     25      9  10000     19  10000  10000  10000  10000  10000
   25      0     12  10000  10000  10000     36     32  10000  10000
    9     12      0     10     19  10000     38  10000  10000  10000
10000  10000     10      0     13     27  10000  10000  10000  10000
   19  10000     19     13      0     17  10000  10000  10000  10000
10000  10000  10000     27     17      0     18  10000     29     33
10000     36     38  10000  10000     18      0     15  10000  10000
10000     32  10000  10000  10000  10000     15      0     29     13
10000  10000  10000  10000  10000     29  10000     29      0     13
10000  10000  10000  10000  10000     33  10000     13     13      0
```

```
各起点 i 与终点 j 之间的最短路径矩阵 a:
     0    25     9    19    19    36    47    57    65    69
    25     0    12    22    31    48    36    32    61    45
     9    12     0    10    19    36    38    44    65    57
    19    22    10     0    13    27    45    54    56    60
    19    31    19    13     0    17    35    50    46    50
    36    48    36    27    17     0    18    33    29    33
    47    36    38    45    35    18     0    15    44    28
    57    32    44    54    50    33    15     0    29    13
    65    61    65    56    46    29    44    29     0    13
    69    45    57    60    50    33    28    13    13     0
此时，a(i,j)表示起点 i 与终点 j 之间的最短路径！
请输入对应的 a(i,j):
>> a(1,10)（键盘输入 a(1,10)，按 Enter 键）
ans =
    69
>> a(2,9)（键盘输入 a(2,9)，按 Enter 键）
ans =
    61
```

【例 9-8】某 T 梁翼板所构成的铰接悬臂板，如图 9-2 所示，试计算此铰接悬臂板的设计内力。设计荷载：公路-Ⅱ级，桥面铺装：5cm 沥青混凝土面层（重度为 21kN/m^3）和 15cm 防水混凝土垫层（重度为 25kN/m^3）。

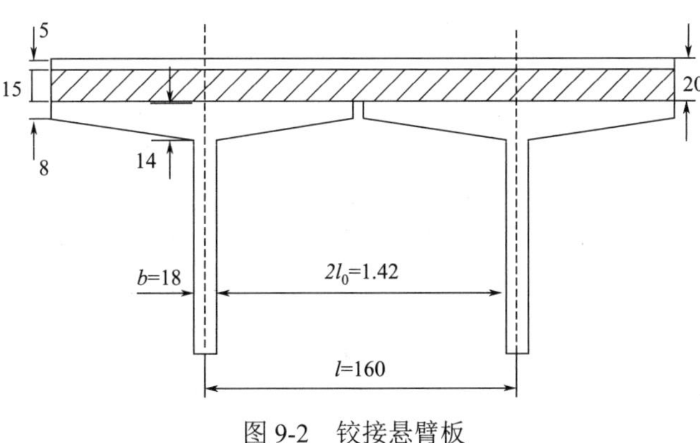

图 9-2　铰接悬臂板

✪解析

恒载内力计算公式：

$$g = g_1 + g_2 + g_3 \tag{9-25}$$

$$M_{sg} = -\frac{1}{2} g l_0^2 \tag{9-26}$$

$$Q_{sg} = g l_0 \tag{9-27}$$

式中，g_1、g_2、g_3分别为沥青混凝土面层、防水混凝土垫层、T 梁翼板自重每米板上的恒载集度；g为每米板上的恒载集度；l_0为净跨距的一半；M_{sg}为每米板上的恒载弯矩；Q_{sg}为每米板上的恒载剪力。

公路-Ⅱ级车辆荷载产生的内力计算公式（计算图式如图 9-3 所示）：

$$a_1 = a_2 + 2H \tag{9-28}$$

$$b_1 = b_2 + 2H \tag{9-29}$$

$$a = a_1 + d + 2l_0 \tag{9-30}$$

$$M_{sp} = -(1+\mu)\frac{P}{4a}\left(l_0 - \frac{b_1}{4}\right) \tag{9-31}$$

$$Q_{sp} = (1+\mu)\frac{P}{4a} \tag{9-32}$$

式中，H为铺装层总厚度；a_2为车轮着地长度，此处取$a_2 = 0.20\,\text{m}$；b_2为车轮着地宽度，此处取$b_2 = 0.60\,\text{m}$；a_1、b_1为荷载压力面尺寸；d为轴距，此处取$d = 1.4\,\text{m}$；$(1+\mu)$为冲击系数，此处取 1.3；P为车辆集中荷载，此处取$P = 2\times140 = 280\,\text{kN}$；$M_{sp}$为每米板上的活载弯矩；$Q_{sp}$为每米板上的活载剪力。

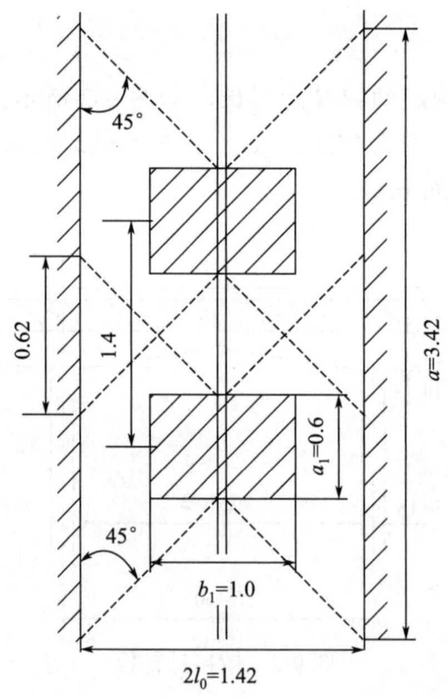

图 9-3 车辆荷载内力计算图式

基本组合的设计内力：

$$M_{ud} = 1.2M_{sg} + 1.4M_{sp} \tag{9-33}$$

$$Q_{ud} = 1.2Q_{sg} + 1.4Q_{sp} \tag{9-34}$$

短期效应组合的设计内力：

$$M_{sd} = M_{sg} + \frac{0.7M_{sp}}{1+\mu} \tag{9-35}$$

$$Q_{ud} = Q_{sg} + \frac{0.7Q_{sp}}{1+\mu} \tag{9-36}$$

长期效应组合的设计内力:

$$M_{ld} = M_{sg} + \frac{0.4M_{sp}}{1+\mu} \tag{9-37}$$

$$Q_{ld} = Q_{sg} + \frac{0.4Q_{sp}}{1+\mu} \tag{9-38}$$

✪Matlab 程序

```
clear,clc
g1=0.05*1.0*21;g2=0.15*1.0*25;g3=(0.08+0.14)/2*1.0*25;g=g1+g2+g3;
L0=1.42/2;Msg=-1/2*g*L0^2; Qsg=g*L0;
H=0.05+0.15;a2=0.2;b2=0.6;d=1.4;
a1=a2+2*H;b1=b2+2*H;a=a1+d+2*L0;u=0.3;P=2*140;
Msp=-(1+u)*P/(4*a)*(L0-b1/4); Qsp=(1+u)*P/(4*a);
Mud=1.2*Msg+1.4*Msp;Mud=[num2str(Mud),'kN.m'];
Qud=1.2*Qsg+1.4*Qsp;Qud=[num2str(Qud),'kN'];
Msd=Msg+0.7*Msp/(1+u);Msd=[num2str(Msd),'kN.m'];
Qsd=Qsg+0.7*Qsp/(1+u);Qsd=[num2str(Qsd),'kN'];
Mld=Msg+0.4*Msp/(1+u);Mld=[num2str(Mld),'kN.m'];
Qld=Qsg+0.4*Qsp/(1+u);Qld=[num2str(Qld),'kN'];
disp('基本组合的设计内力为：'),Mud,Qud
disp('短期效应组合的设计内力为：'),Msd,Qsd
disp('长期效应组合的设计内力为：'),Mld,Qld
```

✪程序运行结果

基本组合的设计内力为:

```
Mud =
-19.4192kN.m
Qud =
43.6841kN
```

短期效应组合的设计内力为:

```
Msd =
-8.4936kN.m
Qsd =
19.688kN
```

长期效应组合的设计内力为：

```
Mld =
-5.6691kN.m
Qld =
13.5476kN
```

【例 9-9】某大桥中跨悬臂箱梁在浇筑混凝土阶段的实测挠度与悬臂长度记录表如表 9-5 所示。试利用 20 号～28 号块的数据回归挠度与悬臂长度的一元线性模型，利用回归模型预测 29 号块的挠度，并与实测挠度进行比较。

表 9-5　实测挠度与悬臂长度记录表

块名	20	21	22	23	24	25	26	27	28	29
悬臂长度/m	79.0	84.0	89.0	94.0	99.0	104.0	109.0	114.0	119.0	124.0
实测挠度/mm	−35.1	−40.9	−47.4	−55.0	−62.7	−70.4	−78.8	−87.2	−95.6	−102.1

✪解析

一元线性函数形式：

$$y = ax + b \tag{9-39}$$

本题可以采用多项式拟合命令 polyfit 或一元线性回归命令 regress 求解，此处采用 regress 命令。

✪Matlab 程序

```
clear,clc
x=79:5:119;y=[-35.1,-40.9,-47.4,-55.0,-62.7,-70.4,-78.8,-87.2,-95.6];
X=[ones(9,1),x'];Y=y';alpha=0.05;
[b,bint,r,rint,stats]=regress(Y,X,alpha);
p=[b(2),b(1)];md=poly2str(p,'x');
disp('一元线性模型为：'),disp(md)
y29=polyval(p,124);error29=abs((y29-(-102.1))/(-102.1))*100;y29=[num2str(y29),'mm'];
disp('29 号块的实测挠度为：'),disp('-102.1mm')
disp('29 号块的预测挠度为：'),disp(y29)
disp('29 号块的预测绝对百分比误差为：'),disp([num2str(error29),'%'])
```

✪程序运行结果

一元线性模型为：

```
   -1.5303 x + 87.8252
```

29 号块的实测挠度为：

```
-102.1mm
```

29 号块的预测挠度为：

```
-101.9361mm
```

29 号块的预测绝对百分比误差为：

```
0.16052%
```

【例 9-10】某预应力混凝土刚构连续组合箱梁桥在桥梁施工控制过程中的立模标高实测数据如表 9-6 所示。试采用表 9-6 中 6～14 节段数据作为训练样本建立 BP 神经网络模型，然后对 15 和 16 节段的立模标高进行预测，并与实测值进行比较。

表 9-6　立模标高数据

施工节段	惯性矩 I/m^4	梁高 h/m	节段重量 G/kN	悬臂长度 L/m	预应力 N/kN	立模标高 H/m
6	78.0	5.79	1699.9	21.3	22320	40.095
7	64.7	5.41	1649.7	25.3	27900	40.115
8	53.5	5.05	1574.8	29.3	33480	40.140
9	44.1	4.71	1504.4	33.3	39060	40.155
10	34.6	4.32	1781.8	38.3	44640	40.202
11	26.6	3.97	1633.8	43.3	50220	40.229
12	21.0	3.65	1504.6	48.3	55800	40.241
13	16.9	3.38	1440.7	53.3	61380	40.253
14	13.9	3.17	1386.8	58.3	66960	40.252
15	11.9	3.00	1345.0	63.3	72540	40.257
16	11.0	2.92	1320.3	68.3	78120	40.259

✪解析

第一步，输入（或加载）样本数据，取 6～14 节段数据作为训练样本，取 15 和 16 节段数据作为测试样本，将样本数据中的惯性矩、梁高、节段重量、悬臂长度、预应力五个参数作为输入值建立输入矩阵，将立模标高作为目标输出值建立输出矩阵。

第二步，将样本数据做归一化处理。

第三步，创建和训练 BP 神经网络模型。

第四步，利用已经训练好的 BP 神经网络模型进行仿真预测，并与实测值进行比较。

✪Matlab 程序

```
clear,clc
sample=[78,5.79,1699.9,21.3,22320,40.095;64.7,5.41,1649.7,25.3,27900,40.114;...
    53.5,5.05,1574.8,29.3,33480,40.140;44.1,4.71,1504.4,33.3,39060,40.155;...
    34.6,4.32,1781.8,38.3,44640,40.202;26.6,3.97,1633.8,43.3,50220,40.229;...
    21,3.65,1504.6,48.3,55800,40.241;16.9,3.38,1440.7,53.3,61380,40.253;...
    13.9,3.17,1386.8,58.3,66960,40.252;11.9,3,1345,63.3,72540,40.257;...
    11,2.92,1320.3,68.3,78120,40.259];
P_train=sample(1:9,1:5);T_train=sample(1:9,6);
P_test=sample(10:11,1:5);T_test=sample(10:11,6);
[Pn_train,inputps]=mapminmax(P_train',0,1);
Pn_train=Pn_train;Pn_test=mapminmax('apply',P_test',inputps);Pn_test=Pn_test;
[Tn_train,outputps]=mapminmax(T_train',0,1);Tn_train=Tn_train;
Tn_test=mapminmax('apply',T_test',outputps);Tn_test=Tn_test;
net=feedforwardnet(9);net.trainParam.epochs=1000;net.trainParam.goal=1e-3;
net.trainParam.lr=0.01;net=train(net,Pn_train,Tn_train);
```

```
Tn_sim_bp=sim(net,Pn_test);T2_test=mapminmax('reverse',Tn_sim_bp',outputps);
error_bp=abs(T2_test-T_test)./T_test;error_bp=error_bp*100;
N=2;
R2_bp=(N*sum(T2_test.*T_test)-sum(T2_test)*sum(T_test)).^2/...
    ((N*sum((T2_test).^2)-(sum(T2_test)).^2)*(N*sum((T_test).^2)-(sum(T_test)).^2));
disp('15 节段立模标高的实测值和预测值分别为：')
disp([num2str(T_test(1)),'m']), disp([num2str(T2_test(1)),'m'])
disp('16 节段立模标高的实测值和预测值分别为：')
disp([num2str(T_test(2)),'m']), disp([num2str(T2_test(2)),'m'])
disp('BP 神经网络模型预测的相对误差为：')
disp([num2str(error_bp(1)),'%']), disp([num2str(error_bp(2)),'%'])
disp('BP 神经网络模型预测的决定系数为：'),disp(R2_bp)
```

✪程序运行结果

15 节段立模标高的实测值和预测值分别为:

```
40.257m
40.2445m
```

16 节段立模标高的实测值和预测值分别为:

```
40.259m
40.2411m
```

BP 神经网络模型预测的相对误差为:

```
0.030976%
0.044401%
```

BP 神经网络模型预测的决定系数为:

```
    1.0000
```

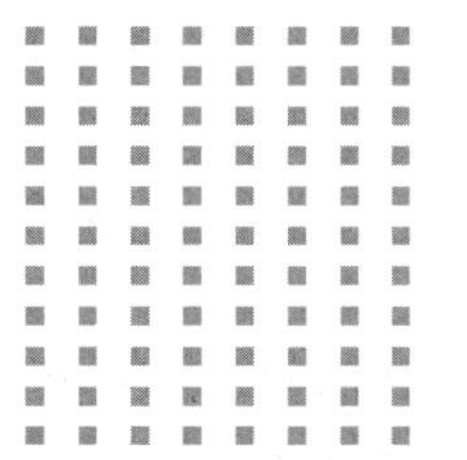

第10章 Matlab在岩土与地下工程中的应用

土木工程专业一般设有建筑工程、道路与桥梁工程和岩土与地下工程三个专业方向，其中岩土与地下工程方向主要培养掌握弹性力学、岩石力学、土力学、基础工程、岩土工程勘察、地基处理、地下工程结构和隧道工程等主要基本理论和专业知识，具备边坡与基坑工程、地基与基础工程及隧道与地下空间工程的规划、设计、施工、监理、管理和研究等能力的高素质技能型专门人才。本章内容主要介绍 Matlab 在岩土与地下工程中的 10 个典型应用案例，每个案例包含理论解析、Matlab 程序和程序运行结果，方便用户快速理解和掌握 Matlab 工程计算相关知识，旨在培养和提高灵活运用 Matlab 编程解决岩土与地下工程中的普遍和复杂专业问题的能力。

【例 10-1】如图 10-1 所示，已知两正交截面上的正应力σ_x、σ_y和剪应力τ_{xy}，试绘制莫尔应力圆，并分别求$\alpha=\frac{\pi}{3}$和$\alpha=-\frac{\pi}{5}$时斜截面上的应力值。

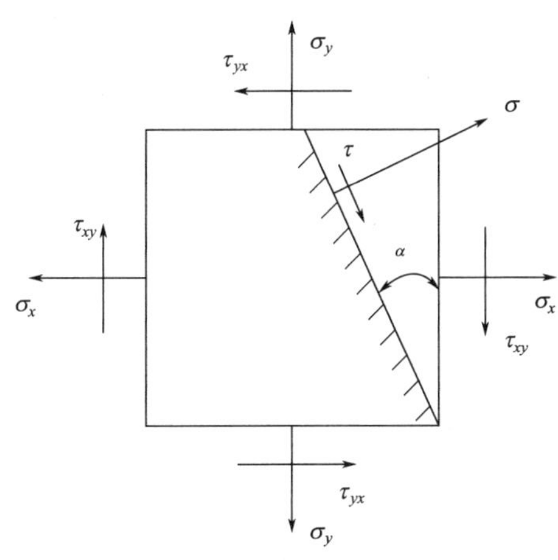

图 10-1　应力状态示意图

✪解析

斜截面应力计算公式：

$$\sigma=\frac{\sigma_x+\sigma_y}{2}+\frac{\sigma_x-\sigma_y}{2}\cos 2\alpha-\tau_{xy}\sin 2\alpha \tag{10-1}$$

$$\tau=\frac{\sigma_x-\sigma_y}{2}\sin 2\alpha+\tau_{xy}\cos 2\alpha \tag{10-2}$$

式中，σ_x、σ_y、τ_{xy}为两正交截面上的正应力和剪应力；σ为斜截面上的正应力，拉应力为“+”，压应力为“−”；τ为斜截面上的剪应力，对立方体中心顺时针的方向为“+”；α为斜截面方位角，逆时针为“+”。

✪Matlab 程序

```
clear,clc
Sx=input('Sx(MPa)=');Sy=input('Sy(MPa)=');Txy=input('Txy(MPa)=');
a=linspace(0, pi, 37);
Sa=(Sx+Sy)/2;Sd=(Sx-Sy)/2;sigma=Sa+Sd*cos(2*a)-Txy*sin(2*a);
tau=Sd*sin(2*a)+Txy*cos(2*a);
plot(sigma,tau,Sx,Txy,'k*'), text(Sx,Txy,'基准截面 a=0')
xlabel('正应力/MPa'),ylabel('剪应力/MPa'),axis equal
v=axis;line([v(1),v(2)],[0,0]);line([0,0],[v(3),v(4)])
hold on, plot(Sa,0,'mx')
Smax=max(sigma),Smin=min(sigma),Tmax=max(tau)
a=pi/3;sigma=Sa+Sd*cos(2*a)-Txy*sin(2*a),tau=Sd*sin(2*a)+Txy*cos(2*a)
text(sigma,tau,'pi/3'),plot(sigma,tau,'ro')
a=-pi/5;sigma=Sa+Sd*cos(2*a)-Txy*sin(2*a),tau=Sd*sin(2*a)+Txy*cos(2*a)
text(sigma,tau,'-pi/5'),plot(sigma,tau,'ro')
```

✪程序运行结果

```
Sx(MPa)=20（键盘输入 20）
Sy(MPa)=0（键盘输入 0）
Txy(MPa)=5（键盘输入 5）
Smax =
   21.1603
Smin =
   -1.1603
Tmax =
   11.1603
sigma =
    0.6699
tau =
    6.1603
```

```
sigma =
   17.8455
tau =
   -7.9655
```

程序运行图如图 10-2 所示。

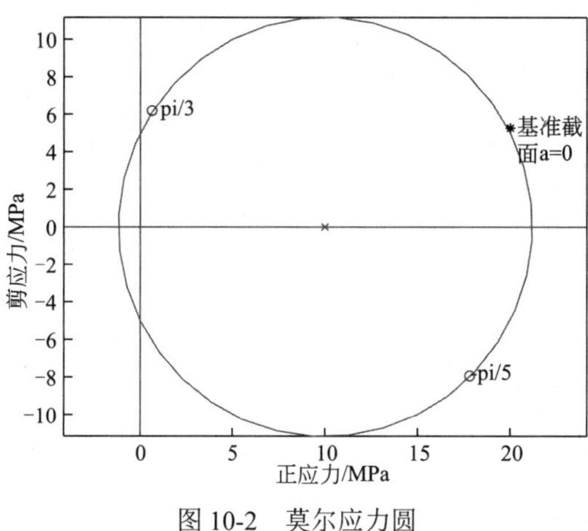

图 10-2 莫尔应力圆

【例 10-2】某地区的沉降观测数据列于表 10-1 中，试通过插值后绘制该地区的沉降等高线图。

表 10-1 沉降数据

序号	x/m	y/m	沉降量/dm	序号	x/m	y/m	沉降量/dm
1	7927.99	6312.90	−2.2	20	−88323.66	136267.39	−1.2
2	19547.74	71343.46	−9.4	21	−143070.88	136219.86	−7.0
3	−9890.30	80510.22	−5.0	22	−158659.59	103031.52	−25.3
4	35144.07	93412.65	−1.7	23	−160987.33	120568.86	−33.1
5	−20870.33	113225.61	−5.3	24	−126188.92	162531.74	−8.4
6	−7364.96	122077.60	6.6	25	−41391.76	108647.19	−9.7
7	11549.56	153043.37	−4.9	26	−63511.13	94432.83	−33.7
8	27898.89	135561.91	−9.4	27	−73981.40	102826.49	−10.2
9	7832.54	178193.39	3.4	28	−82004.79	83487.89	−5.4
10	−6885.20	185741.76	1.0	29	−68113.12	46209.88	−13.7
11	−31012.40	207263.49	11.8	30	−81324.46	55711.59	−28.9
12	−48725.59	171037.24	−5.1	31	−94865.69	98434.73	−8.5
13	−46618.04	225082.51	38.5	32	−29659.92	148706.87	0.1
14	−26482.17	131851.20	4.1	33	−43843.38	54038.00	−11.8
15	−68001.68	54242.33	−5.8	34	−60503.98	211915.85	1.0
16	−77295.08	73546.93	−15.0	35	−11564.22	40691.22	0.5
17	−69429.88	73725.24	−7.9	36	−80873.77	60986.27	−29.7
18	−57970.06	80712.23	−4.6	37	−128969.68	153829.30	−6.6
19	−58986.05	121859.81	10.3	38	−169187.82	103325.21	−17.5

续表

序号	x/m	y/m	沉降量/dm	序号	x/m	y/m	沉降量/dm
39	−39574.71	80879.86	−14.9	61	−39727.28	220111.82	−3.8
40	−53777.88	110036.64	−5.7	62	−58431.97	215070.29	−7.6
41	−81049.15	89811.92	−25.1	63	41325.36	108122.13	7.4
42	411.64	34867.98	−5.1	64	51505.02	134381.52	17.3
43	414.83	58403.29	1.0	65	−36487.75	42226.92	−12.0
44	−31194.11	66521.84	−14.8	66	−57129.54	63562.93	−23.5
45	−24076.68	85219.95	−2.5	67	−66943.81	57335.89	−16.2
46	22062.93	100784.72	19.6	68	−70838.13	65793.74	−27.1
47	13154.92	97859.35	−16.9	69	−62578.88	37446.61	32.6
48	6040.73	87442.32	8.9	70	−66954.11	46261.45	−22.4
49	25280.40	121817.77	−14.3	71	−72403.42	36381.07	−25.8
50	1546.26	133819.99	−8.3	72	−87473.75	53555.05	−27.6
51	20919.26	145840.44	2.1	73	−72668.94	110844.21	−14.0
52	17318.67	162934.26	−5.8	74	−69164.67	144438.56	−6.2
53	−14705.79	94951.41	11.8	75	−89630.40	121807.17	−14.0
54	−17666.43	146084.03	−2.6	76	−96563.91	150776.05	−21.0
55	−20997.78	165308.57	0.7	77	−97029.17	163782.08	−8.7
56	−1970.44	168415.07	−2.7	78	−118109.72	138311.87	−40.7
57	−13057.48	178602.13	15.8	79	−134376.91	135568.05	2.0
58	−49601.52	150452.39	2.4	80	−148428.55	123624.94	−35.5
59	−35897.43	176335.05	−3.1	81	−75212.72	92906.53	−24.6
60	−45760.03	196018.30	−7.0	82	−7642.41	19949.10	−6.1

✪解析

本问题的解决步骤包括:

第一步，输入（或加载）沉降数据（详见第 10 章源程序的 xyz.txt 文件）。

第二步，利用 griddata 命令对沉降数据进行插值。

第三步，利用 contourf 命令绘制沉降等高线图。

✪Matlab 程序

```
clear,clc
load xyz.txt
x=xyz(:,1)';y=xyz(:,2)';z=xyz(:,3)';
xi=min(x):2000:max(x);yi=min(y):2000:max(y);
[X,Y]=meshgrid(xi,yi);Z=griddata(x,y,z,X,Y,'cubic');
contourf(X,Y,Z,30),colorbar
xlabe(('x/m'),ylabel('y/m'))
```

✪程序运行结果

程序运行图如图 10-3 所示。

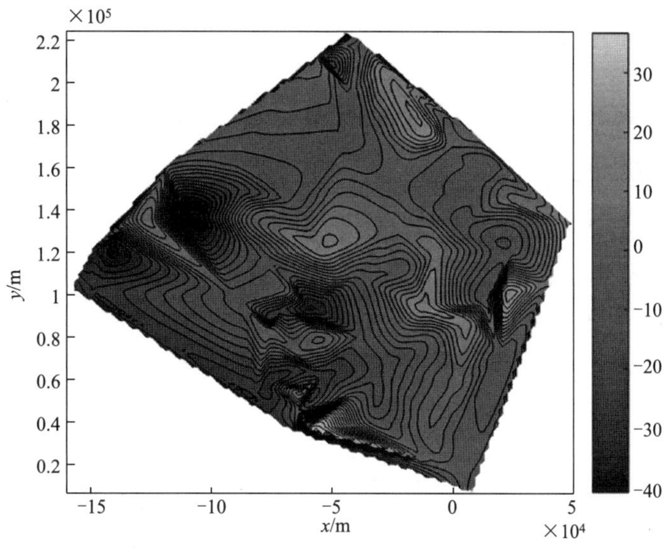

图 10-3 该地区的沉降等高线图

【例 10-3】某建筑物进行 14 期沉降观测，监测结果见表 10-2。已知沉降模型为双曲线模型：$\frac{1}{s}=a\frac{1}{n}+b$，试预测第 15 期沉降情况。

表 10-2 沉降监测结果

期数 n	1	2	3	4	5	6	7	8	9	10	11	12	13	14
沉降量 s/mm	19.25	24.63	28.73	28.52	29.11	30.02	29.80	29.97	31.47	31.77	31.81	32.41	31.82	32.72

✪解析

令：

$$y=\frac{1}{s},\quad x=\frac{1}{n}$$

则双曲线模型变形为：

$$y=ax+b$$

本题可以采用多项式拟合命令 polyfit 或一元线性回归命令 regress 求解，此处采用 polyfit 命令。

✪Matlab 程序

```
clear,clc
n=1:14;s=[19.25,24.63,28.73,28.52,29.11,30.02,29.80,29.97,31.47,31.77,31.81,...
32.41,31.82,32.72];
x=1./n;y=1./s;p=polyfit(x,y,1);
disp('一元线性模型为：'),disp(['1/s=',num2str(p(1)),'/n+',num2str(p(2))])
y15=polyval(p,1/15); s15=1/y15;
disp('第 15 期沉降的预测值为：'),disp([num2str(s15),'mm'])
```

✪程序运行结果

一元线性模型为:

```
1/s=0.022143/n+0.029467
```

第 15 期沉降的预测值为:

```
32.3171mm
```

【例 10-4】某桩基础的平、剖面图及各参数取值如图 10-4 所示，桩的截面尺寸为 300mm×300mm，桩长 8.5m，根据静荷载试验的 S-logt 曲线确定的极限荷载 P_j=600kN，试验算单桩承载力是否满足要求。

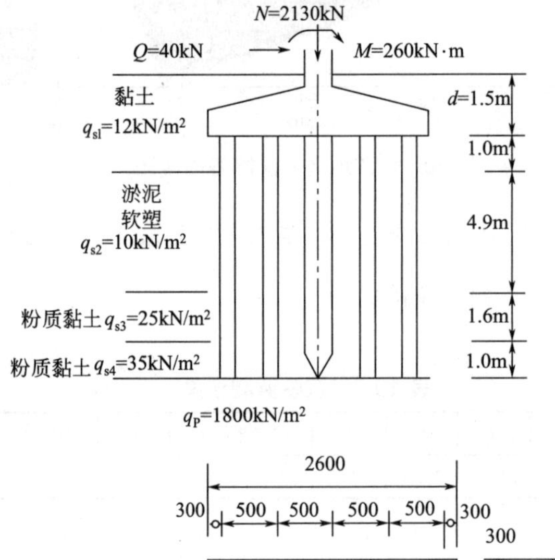

图 10-4 桩基础的平、剖面图

✪解析

单桩承载力计算公式:

$$P_{k1} = P_j / K \text{（按照静荷载试验）} \tag{10-3}$$

$$P_{k2} = q_p A_p + u_p \sum_{i=1}^{n} q_{si} l_{si} \text{（按照经验公式）} \tag{10-4}$$

$$P_k = \min(P_{k1}, P_{k2}) \tag{10-5}$$

式中，K 为安全系数，此处取 $K = 2$；q_p 为桩端土承载力标准值；A_p 为桩身的截面面积；u_p 为桩身周长；q_{si} 为桩周在第 i 层土中摩擦力标准值；l_{si} 为桩在第 i 层土中的长度。

单桩平均轴向力验算:

$$Q_0 = \frac{N+G}{n} \text{（判断是否} \leqslant P_k \text{）} \tag{10-6}$$

式中，N 为桩基承台顶面的竖向荷载；G 为桩基础及承台上填土自重；n 为桩数量。

单桩最大轴向力验算：

$$M_y = M + QH \tag{10-7}$$

$$Q_{\max} = Q_0 + \frac{x_{\max}}{\sum_{i=1}^{n} x_i^2} M_y \text{（判断是否} \leqslant 1.2P_k \text{）} \tag{10-8}$$

式中，M 为桩基承台顶面的弯矩；Q 为桩基承台顶面的水平荷载；H 为桩基础埋深；x_i 为桩 i 至桩群形心的水平距离；$x_{\max}$ 为各桩至桩群形心的水平距离最大值。

✪Matlab 程序

```
clear,clc
Pj=600;K=2;Pk1=Pj/K;%按照静荷载试验计算单桩承载力
qp=1800;Ap=0.3*0.3;up=0.3*4;qs1=12;qs2=10;qs3=25;qs4=35;
ls1=1;ls2=4.9;ls3=1.6;ls4=1;
Pk2=qp*Ap+up*(qs1*ls1+qs2*ls2+qs3*ls3+qs4*ls4);%按照经验公式计算单桩承载力
Pk=min([Pk1,Pk2]);
N=2130;G=2.3*2.6*1.5*20;n=8;
Q0=(N+G)/n;Q1=[num2str(Q0),'kN'];
disp('单桩平均轴向力为：'),disp(Q1)
if Q0<=Pk
   disp('单桩平均轴向力满足要求！')
else
   disp('单桩平均轴向力不满足要求！')
end
M=260;Q=40;d=1.5;H=d;My=M+Q*H;
Qmax=Q0+My*1/(4*1^2+2*0.5^2);Q2=[num2str(Qmax),'kN'];
disp('单桩平均轴向力为：'),disp(Q2)
if Qmax<=1.2*Pk
   disp('单桩最大轴向力满足要求！')
else
   disp('单桩最大轴向力不满足要求！')
end
```

✪程序运行结果

单桩平均轴向力为：

```
288.675kN
单桩平均轴向力满足要求！
```

单桩平均轴向力为：

```
359.7861kN
单桩最大轴向力满足要求!
```

【例 10-5】柱下独立基础底面尺寸为 5m×3m，$F_1 = 300\,\text{kN}$，$F_2 = 1500\,\text{kN}$，$M = 900\,\text{kN}\cdot\text{m}$，$F_H = 200\,\text{kN}$，如图 10-5 所示，基础埋深 $d = 1.5\,\text{m}$，承台及填土平均重度 $\gamma = 20\,\text{kN/m}^3$，试计算基础底面偏心距和基底最大压力。

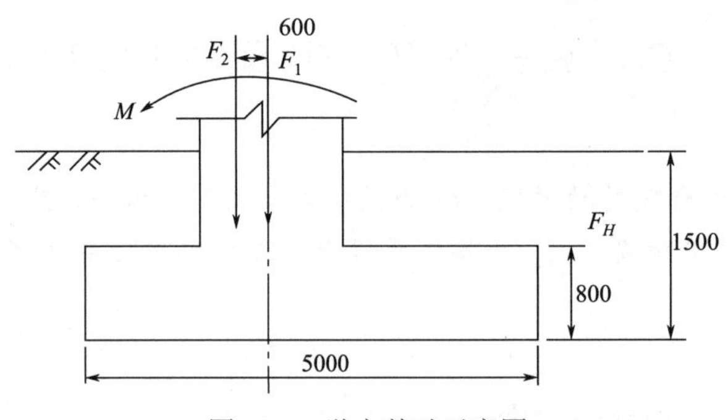

图 10-5 独立基础示意图

✪解析

基础底面偏心距公式:

$$e = \frac{\sum M}{\sum N}\text{（与 } l/6 \text{ 比较后，判断大小偏心）} \tag{10-9}$$

式中，$\sum M$ 为作用于基底形心的弯矩组合；$\sum N$ 为作用于基底的竖向力组合。

基底最大压力值公式:

$$P_{k\max} = \frac{2(F_k + G_k)}{3ba} \tag{10-10}$$

式中，G_k 为桩基础及承台上填土自重；F_k 为上部结构传至基础顶面的竖向力（不包括 G_k）；b 为基础底面宽度，此处 b=3m；a 为合力作用点至基础底面最大压力边缘的距离，a=l/2−e，其中 l 为基础底面长度，此处 l=5m。

✪Matlab 程序

```
clear,clc
l=5;b=3;d=1.5;r=20;F1=300;F2=1500;FH=200;M=900;
sum_M=M+F2*0.6+FH*0.8;
Fk=F1+F2;Gk=b*l*d*r;sum_N=Fk+Gk;
e=sum_M/sum_N;e1=[num2str(e),'m'];
disp('基础底面偏心距为：'),disp(e1)
if e<l/6
   disp('该基础为小偏心受压！')
elseif e>l/6
   disp('该基础为大偏心受压！')
else
```

```
    disp('该基础为轴心受压！')
end
Pkmax=2*(Fk+Gk)/((3*b)*(l/2-e));Pkmax1=[num2str(Pkmax),'kPa'];
disp('基底最大压力值为：'),disp(Pkmax1)
```

✪程序运行结果

基础底面偏心距为:

```
0.87111m
该基础为大偏心受压!
```

基底最大压力值为:

```
306.9577kPa
```

【例 10-6】某黏性土土样的击实试验结果如表 10-3 所示。该土土粒相对密度 $G_s = 2.70$，试绘出该土的击实曲线及饱和曲线，确定其最优含水量 ω_{op} 与最大干密度 $\rho_{d\max}$，并求出相应于击实曲线峰点的饱和度 S 与孔隙比 e 各为多少。

表 10-3　击实试验结果

含水量/%	14.7	16.5	18.4	21.8	23.7
干密度/(g/cm³)	1.59	1.63	1.66	1.65	1.62

✪解析

本例涉及如下公式:

$$\omega_{sat} = \frac{\rho_w}{\rho_{sat}} - \frac{1}{G_s} \tag{10-11}$$

$$\omega = \frac{M_w}{M_s} \times 100\% \tag{10-12}$$

$$G_s = \frac{M_s}{V_s \rho_w} \tag{10-13}$$

$$\rho_d = \frac{M_s}{V} \tag{10-14}$$

$$S = \frac{V_w}{V_v} \tag{10-15}$$

$$e = \frac{V_v}{V_s} \tag{10-16}$$

式中，ω_{sat} 为土的饱和含水量；M_w 为土中水的质量；M_s 为土粒的质量；ω 为土的含水量；V_s 为土粒的体积；ρ_w 为水的密度；G_s 为土粒相对密度；V 为的总体积；ρ_d 为土的干密度；V_w 为土中水的体积；V_v 为土中孔隙的体积；S 为土的饱和度；e 为土的孔隙比。

✪Matlab 程序

```
clear,clc
```

```
w0=[14.7,16.2,18.4,21.8,23.7];rou0=[1.59,1.63,1.66,1.65,1.62];p1=polyfit(w0,rou0,2);
w0_2=14.5:0.1:24;rou0_2=polyval(p1,w0_2);plot(w0,rou0,'r*',w0_2,rou0_2,'k-')
xlabel('含水量/%'),ylabel('干密度/g.cm^{-3}'),grid on,hold on
[roudmax,n]=max(rou0_2);wop=w0_2(n);
rou0max=[num2str(roudmax),'g.cm^(-3)'];w0max=[num2str(wop),'%'];
plot(wop,roudmax,'bo'),text(wop,roudmax+0.003,'峰点')
disp('最优含水量为：'),disp(w0max)
disp('最大干密度为：'),disp(rou0max)
Gs=2.7;rouw=1;rousat=1./(w0*0.01+1/Gs);
plot(w0,rousat,'m-'),gtext('饱和曲线')
Vs=1;Ms=Gs*rouw*Vs;Mw=0.01*wop*Ms;V=Ms/roudmax;Vw=Mw/rouw;
Vv=V-Vs;S=Vw/Vv;e=Vv/Vs;S2=[num2str(S*100),'%'];
disp('峰点的饱和度为：'),disp(S2)
disp('峰点的孔隙比为：'),disp(e)
```

✪程序运行结果

最优含水量为:

```
19.7%
```

最大干密度为:

```
1.6646g.cm^(-3)
```

峰点的饱和度为:

```
85.5078%
```

峰点的孔隙比为:

```
0.6220
```

程序运行图如图 10-6 所示。

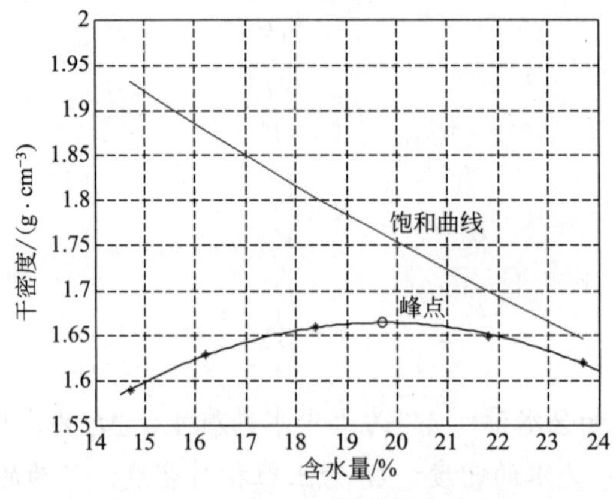

图 10-6　土的击实曲线及饱和曲线

【例 10-7】某隧道净宽 $B_t=6.4\,\text{m}$，净高 $H_t=8\,\text{m}$，Ⅳ级围岩。已知：围岩容重 $\gamma=20\,\text{kN/m}^3$，围岩计算摩擦角 $\phi=53°$，摩擦角 $\theta=30°$，试求埋深 H 分别取 15m、3m 和 7m 处的围岩压力。

✪解析

首先判断深、浅埋隧道：

$$w = 1 + i(B_t - 5) \tag{10-17}$$

$$h_q = 0.45 \times 2^{s-1} w \tag{10-18}$$

$$H_q = (2\sim 2.5) h_q \tag{10-19}$$

$$H\begin{cases} \geqslant H_q & \text{深埋隧道} \\ < H_q & \text{浅埋隧道} \end{cases}\text{（判断深、浅埋隧道）} \tag{10-20}$$

式中，i 为 B_t 每增减 1m 时的围岩压力增减率，当 $B_t < 5\,\text{m}$ 时取 $i = 0.2$，当 $B_t > 5\,\text{m}$ 时取 $i = 0.1$；w 为宽度影响系数；s 为围岩级别；h_q 为坍落拱高度；H_q 为分界深度，矿山法施工Ⅰ～Ⅲ级围岩取 $H_q = 2h_q$，矿山法施工Ⅳ～Ⅵ级围岩取 $H_q = 2.5h_q$。

当 $H \geqslant H_q$ 时，深埋隧道（Ⅳ级）围岩压力计算公式：

$$q_v = \gamma h_q \tag{10-21}$$

$$q_h = (0.15\sim 0.3) q_v \tag{10-22}$$

式中，q_v 为围岩垂直压力；q_h 为围岩水平压力。

当 $H \leqslant h_q$ 时，浅埋隧道围岩压力计算公式：

$$q_v = \gamma H \tag{10-23}$$

$$q_h = \gamma\left(H + \frac{1}{2}H_t\right)\tan^2\left(45 - \frac{\phi}{2}\right) \tag{10-24}$$

当 $h_q < H < H_q$ 时，浅埋隧道围岩压力计算公式：

$$\tan\beta = \tan\phi + \sqrt{\frac{(\tan^2\phi + 1)\tan\phi}{\tan\phi - \tan\theta}} \tag{10-25}$$

$$\lambda = \frac{\tan\beta - \tan\phi}{\tan\beta[1 + \tan\beta(\tan\phi - \tan\theta) + \tan\phi\tan\theta]} \tag{10-26}$$

$$q_v = \gamma H\left(1 - \frac{H\lambda\tan\theta}{B_t}\right) \tag{10-27}$$

$$q_h = \frac{\gamma H\lambda + \gamma h_q\lambda}{2} \tag{10-28}$$

式中，β 为破裂面与水平面的夹角；λ 为侧压力系数。

✪Matlab 程序

```
clear,clc
H=input('请输入埋深 H: ');
i=0.1;Bt=6.4;s=4;w=1+i*(Bt-5);hq=0.45*2^(s-1)*w;Hq=2.5*hq;r=20;
```

```
if H>=Hq
    disp('为深埋隧道段！')
    qv=r*hq;qhmin=0.15*qv;qhmax=0.3*qv;
    disp('垂直压力为：'),disp([num2str(qv),'kPa'])
    disp('水平压力为：'),disp([num2str(qhmin),'-',num2str(qhmax),'kPa'])
elseif H<=hq
   disp('为浅埋隧道段！')
    qv=r*H;Ht=8;fai=53;qh=r*(H+1/2/Ht)*tan((45-fai/2)*pi/180)^2;
    disp('垂直压力为：'),disp([num2str(qv),'kPa'])
    disp('水平压力为：'),disp([num2str(qh),'kPa'])
else
    disp('为浅埋隧道段！')
    theta=30; fai=53;
    tanb=tan(fai*pi/180)+sqrt((tan(fai*pi/180)^2+1)*tan(fai*pi/180)/(tan(fai*pi/180)...
        -tan(theta*pi/180)));%tanb=tan(beta)
    lambda=(tanb-tan(fai*pi/180))/tanb/(1+tanb*(tan(fai*pi/180)-tan(theta*pi/180))...
        +tan(fai*pi/180)*tan(theta*pi/180));
    qv=r*H*(1-H*lambda*tan(theta*pi/180)/Bt);
    qh1=r*H*lambda;qh2=r*hq*lambda;qh=(qh1+qh2)/2;
    disp('垂直压力为：'),disp([num2str(qv),'kPa'])
    disp('水平压力为：'),disp([num2str(qh),'kPa'])
end
```

运行程序，依次输入 15、3 和 7 后，程序运行结果如下：

✪程序运行结果

```
请输入埋深 H：15（键盘输入 15）
为深埋隧道段！
垂直压力为：
82.08kPa
水平压力为：
12.312-24.624kPa
请输入埋深 H：3（键盘输入 3）
为浅埋隧道段！
垂直压力为：
60kPa
水平压力为：
6.8572kPa
请输入埋深 H：7（键盘输入 7）
为浅埋隧道段！
```

```
垂直压力为:
127.4967kPa
水平压力为:
15.7043kPa
```

【例 10-8】 如图 10-7 所示的对径受压巴西圆盘试件。已知圆盘半径 r=25mm，厚度 t=5mm，压力 p=−1N，设定绘图区域如图 10-8 所示。请生成如图 10-8 所示的绘图区域，求解出对应区域的 x 方向应力、y 方向应力和剪应力并进行可视化显示。

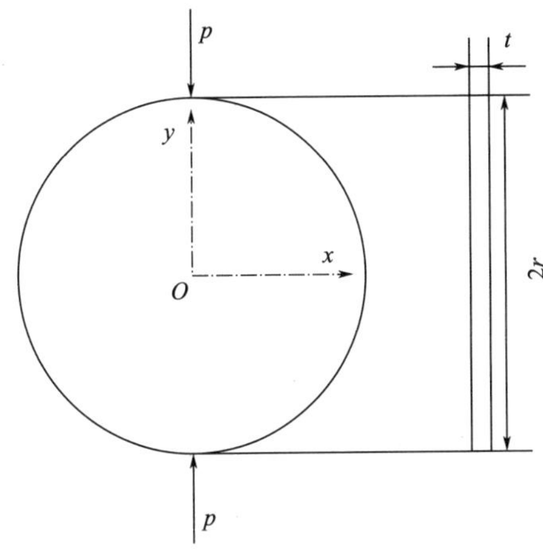

图 10-7 巴西圆盘试件示意图

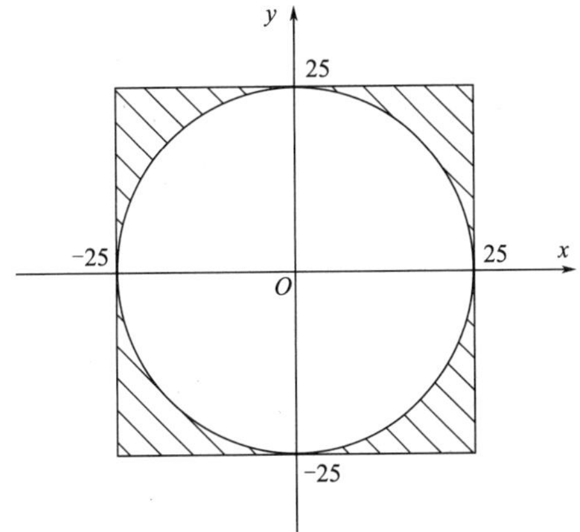

图 10-8 绘图区域

✪解析

按弹性力学理论，圆盘表面的 x 方向应力、y 方向应力和剪应力解分别为:

$$\sigma_x=\frac{2p}{\pi t}\left\{\frac{(r+y)x^2}{\left[(r+y)^2+x^2\right]^2}+\frac{(r-y)x^2}{[(r-y)^2+x^2]^2}-\frac{1}{2r}\right\} \tag{10-29}$$

$$\sigma_y=\frac{2p}{\pi t}\left\{\frac{(r+y)^3}{[(r+y)^2+x^2]^2}+\frac{(r-y)^3}{[(r-y)^2+x^2]^2}-\frac{1}{2r}\right\} \tag{10-30}$$

$$\tau_{xy}=\frac{2p}{\pi t}\left\{\frac{(r+y)^2x}{[(r+y)^2+x^2]^2}-\frac{(r-y)^2x}{[(r-y)^2+x^2]^2}\right\} \tag{10-31}$$

✪Matlab 程序

```
clear,clc
r=25;t=5;p=-1;[x,y]=meshgrid(-25:0.1:25,-25:0.1:25);
yrx=(y+r).*(y+r)+x.*x;yrx=yrx.*yrx;
ryx=(r-y).*(r-y)+x.*x;ryx=ryx.*ryx;
yr=(y+r);ry=(r-y);
sigmax=2*p/(pi*t)*(yr.*x.*x./yrx+ry.*x.*x./ryx-1/(2*r));
sigmay=2*p/(pi*t)*(yr.^3./yrx+ry.^3./ryx-1/(2*r));
taoxy=2*p/(pi*t)*(yr.^2.*x./yrx-ry.^2.*x./ryx);
```

```
sigmax(x.*x+y.*y-r.*r>0)=nan;
figure(1),pcolor(x,y,sigmax),caxis([-10e-3,0.001])
axis equal,axis tight,colorbar,shading flat
title('\sigma_x','fontname','Times new roman')
figure(2),pcolor(x,y,sigmay),caxis([-0.1,-0.001])
axis equal,axis tight,colorbar,shading flat
title('\sigma_y','fontname','Times new roman')
figure(3),pcolor(x,y,taoxy),caxis([-0.06,0.06])
axis equal,axis tight,colorbar,shading flat
title('\sigma_x_y','fontname','Times new roman')
```

✪程序运行结果

程序运行图如图 10-9 ~ 图 10-11 所示。

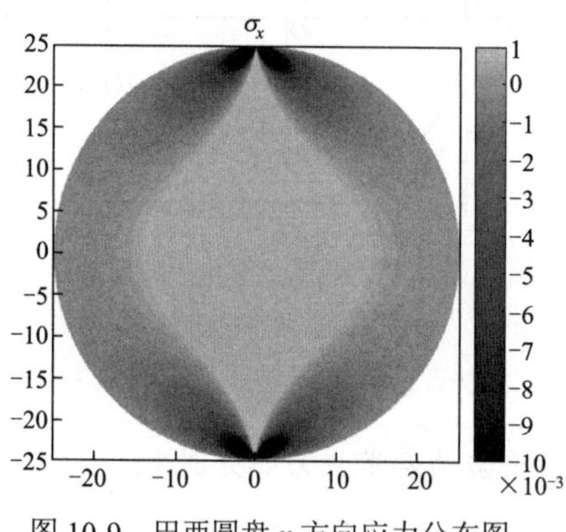

图 10-9 巴西圆盘 x 方向应力分布图

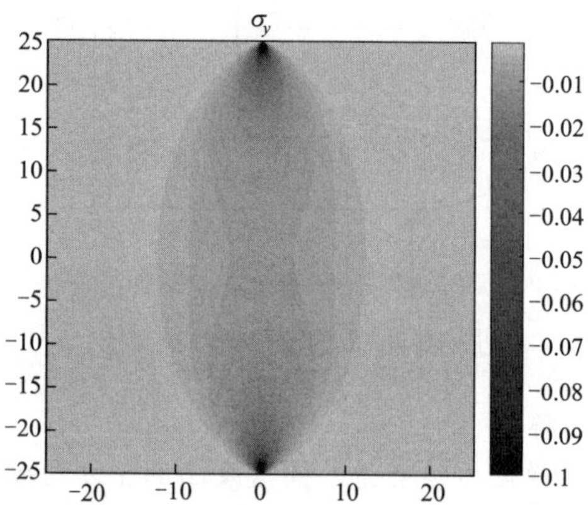

图 10-10 巴西圆盘 y 方向应力分布图

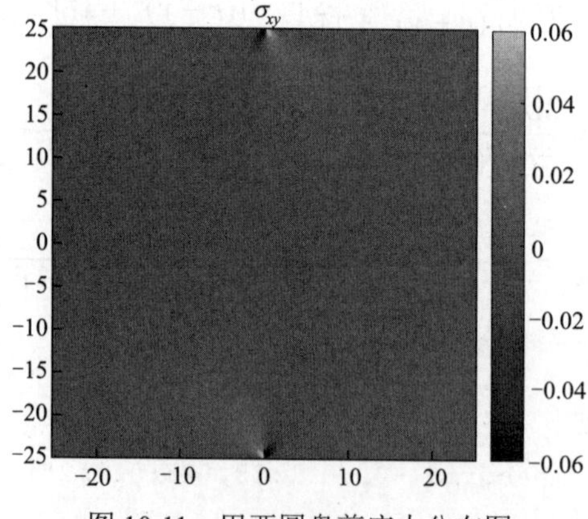

图 10-11 巴西圆盘剪应力分布图

【例 10-9】 在盐渍土地基上个拟建一多层建筑，基础埋深为 1.5m，拟建场地代表性勘探孔揭露深度内地层共分为 5 个单元层，各层土的土样室内溶陷系数试验结果如表 10-4 所示(试样原始高度 20mm)，试判定该建筑溶陷性盐渍土地基各层土的溶陷程度并求总溶陷量(勘探孔 9.8m 以下为非盐渍土层)。

表 10-4　土样室内溶陷系数试验结果

单元层编号	层底深度/m	压力作用下变形稳定后土样高度/mm	压力作用下浸水溶滤变形稳定后土样高度/mm
1	2.3	18.8	18.5
2	3.9	18.2	17.8
3	5.1	18.5	18.2
4	7.6	18.7	18.6
5	9.8	18.9	17.7

✪解析

溶陷系数计算公式:

$$\delta_{rxi} = \frac{h_{pi} - h'_{pi}}{h_0} \tag{10-32}$$

式中，h_{pi} 为第 i 层土在压力作用下变形稳定后的土样高度；h'_{pi} 为第 i 层土在压力作用下浸水溶滤变形稳定后的土样高度；h_0 为盐渍土不扰动土样的原始高度；δ_{rxi} 为溶陷系数，当 $\delta_{rxi} \geqslant 0.01$ 时，应判定为溶陷性盐渍土。

溶陷程度判定标准:

$$\begin{cases} 0.01 \leqslant \delta_{rxi} \leqslant 0.03 & \text{溶陷性轻微} \\ 0.03 < \delta_{rxi} \leqslant 0.05 & \text{溶陷性中等} \\ \delta_{rxi} > 0.05 & \text{溶陷性强} \end{cases} \tag{10-33}$$

总溶陷量计算公式:

$$S_{rx} = \sum_{i=1}^{n} \delta_{rxi} h_i \quad (\delta_{rx} < 0.01 \text{ 的土层不计入}) \tag{10-34}$$

式中，h_i 为第 i 层土的厚度；n 为基础底面以下可能产生溶陷的土层层数。

✪Matlab 程序

```
clear,clc
hm=1.5;h0=20;h1=[2.3,3.9,5.1,7.6,9.8];h(1)=2.3-1.5;h(2:5)=diff(h1);
hp=[18.8,18.2,18.5,18.7,18.9];hhp=[18.5,17.8,18.2,18.6,17.7];
Srx=0;
for i=1:5
    disp(['第',num2str(i),'个单元层'])
    delta(i)=rx(hp(i),hhp(i),h0);
    Srx=Srx+delta(i)*h(i)*1000;
end
disp('总溶陷量为: '),disp([num2str(Srx),'mm'])
```

✪Matlab 函数程序

```
function delta=rx(hp,hhp,h0)
delta=(hp-hhp)/h0;
if delta<0.01
```

```
    delta=0;
    disp('不属于溶陷性盐渍土！')
elseif delta>=0.01&delta<=0.03
    disp('溶陷程度为：溶陷性轻微。')
elseif delta>0.03&delta<=0.05
    disp('溶陷程度为：溶陷性中等。')
else
    disp('溶陷程度为：溶陷性强。')
end
```

✪程序运行结果

```
第 1 个单元层
溶陷程度为：溶陷性轻微。
第 2 个单元层
溶陷程度为：溶陷性轻微。
第 3 个单元层
溶陷程度为：溶陷性轻微。
第 4 个单元层
不属于溶陷性盐渍土！
第 5 个单元层
溶陷程度为：溶陷性强。
总溶陷量为：
194mm
```

【例 10-10】根据工程经验，影响圆弧破坏型岩质边坡稳定性的主要因素包括：岩石容重（γ），黏聚力（c），内摩擦角（φ），边坡角（φ_r），边坡高度（H），孔隙压力比（r_u）。共收集 77 个圆弧破坏型边坡工程实例的样本数据，如表 10-5 所示，状态“1”表示稳定状态，状态“2”表示破坏状态，其中共有稳定样本 33 个，破坏样本 44 个。试利用极限学习机（ELM）建立边坡稳定状态识别模型，并对模型的性能进行评价。

表 10-5 边坡稳定状态识别的样本数据

序号	γ /(kN/m^3)	c/kPa	φ/(°)	φ_r/(°)	H/m	r_u	状态	序号	γ /(kN/m^3)	c/kPa	φ/(°)	φ_r/(°)	H/m	r_u	状态
1	12	0	30	35	8	0.31	2	12	25	63	32	44.5	239	0.25	1
2	23.47	0	32	37	214	0.31	2	13	25	63	32	46	300	0.25	1
3	16	70	20	40	115	0.31	2	14	25	48	40	45	330	0.25	1
4	20.41	24.91	13	22	10.67	0.35	1	15	31.3	68.6	37	47.5	262.5	0.25	2
5	19.63	11.97	20	22	12.19	0.41	2	16	31.3	68.6	37	47	270	0.25	2
6	21.82	8.62	32	28	12.8	0.49	2	17	31.3	58.8	35.5	47.5	438.5	0.25	2
7	20.41	33.52	11	16	45.72	0.2	2	18	31.3	58.8	35.5	47.5	502.7	0.25	2
8	18.84	15.32	30	25	10.67	0.38	1	19	31.3	68	37	47	360.5	0.25	2
9	18.84	0	20	20	7.62	0.45	2	20	31.3	68	37	8	305.5	0.25	2
10	25	120	45	53	120	0.31	1	21	18.68	26.34	15	35	8.23	0.31	2
11	25	55	36	45	239	0.25	1	22	16.5	11.49	0	30	3.66	0.31	2

续表

序号	γ /(kN/m^3)	c/kPa	φ/(°)	φ_r/(°)	H/m	r_u	状态	序号	γ /(kN/m^3)	c/kPa	φ/(°)	φ_r/(°)	H/m	r_u	状态
23	18.84	14.36	25	20	30.5	0.31	1	51	27.3	14	31	41	110	0.25	1
24	18.84	57.46	20	20	30.5	0.31	1	52	27.3	31.5	29.7	41	135	0.31	1
25	28.44	29.42	35	35	100	0.31	1	53	27.3	16.8	28	50	90.5	0.31	1
26	28.44	39.23	38	35	100	0.31	1	54	27.3	26	31	50	92	0.31	1
27	20.6	16.28	26.5	30	40	0.31	2	55	27.3	10	39	41	511	0.31	1
28	14.8	0	17	20	50	0.31	2	56	27.3	10	39	40	470	0.31	1
29	14	11.97	26	30	88	0.31	2	57	25	46	35	47	443	0.31	1
30	21.43	0	20	20	61	0.5	2	58	25	46	35	44	435	0.31	1
31	19.06	11.71	28	35	21	0.11	2	59	25	46	35	46	432	0.31	1
32	18.84	14.36	25	20	30.5	0.45	2	60	27	32	33	42.4	289	0.25	1
33	21.51	6.94	30	31	76.81	0.38	2	61	26	150	45	30	200	0.31	1
34	14	11.97	26	30	88	0.45	2	62	18.5	25	0	30	6	0.31	2
35	18	24	30.15	45	20	0.12	2	63	18.5	12	0	30	6	0.31	2
36	23	0	20	20	100	0.3	2	64	22.4	10	35	30	10	0.31	1
37	22.4	100	45	45	15	0.25	2	65	21.4	10	30.34	30	20	0.31	1
38	22.4	10	35	45	10	0.4	2	66	22	20	36	45	50	0.31	2
39	20	20	36	45	50	0.5	2	67	12	0	30	45	4	0.31	2
40	20	0	36	45	50	0.25	2	68	31.3	68	37	49	200.5	0.31	2
41	20	0	36	45	50	0.5	2	69	20	20	36	45.0	50	0.31	2
42	22	0	40	33	8	0.35	2	70	25	46	35	50	284	0.31	2
43	24	0	40	33	8	0.3	2	71	31.3	68	37	46.0	366	0.31	2
44	20	0	24.5	20	8	0.35	1	72	25	46	36	44.5	299	0.31	1
45	18	5	30	20	8	0.3	1	73	27.3	10	39	40	480	0.31	1
46	27	40	35	43	420	0.25	2	74	25	46	35	46	393	0.31	1
47	27	50	40	42	407	0.25	1	75	25	48	40	49	330	0.31	1
48	27	35	35	42	359	0.25	1	76	31.3	68.6	37	47	305	0.31	2
49	27	37.5	35	37.8	320	0.25	1	77	31.3	68	37	47	213	0.31	2
50	12	0	30	45	4	0.31	2								

✪解析

本问题的解决步骤包括:

第一步，输入（或加载）样本数据（详见第 10 章源程序的 slopdata.mat），随机产生 67 个训练集样本和 10 个测试集样本。

第二步，创建和训练 ELM 模型。

第三步，利用已经训练好的 ELM 模型进行仿真分类预测，并与实测值进行比较。

✪Matlab 程序

```
clear,clc
load slopdata.mat
m=length(slopdata(:,1));temp=randperm(m);
P_train=slopdata(temp(1:67),1:6)';T_train=slopdata(temp(1:67),7)';
P_test=slopdata(68:m,1:6)';T_test=slopdata(68:m,7)';
[IW,B,LW,TF,TYPE]=elmtrain(P_train,T_train,100,'sin',1);
```

```
T_sim=elmpredict(P_test,IW,B,LW,TF,TYPE);
k=length(find(T_test==T_sim));n=length(T_test);Accuracy=k/n*100;
disp(['测试集正确率Accuracy = ' num2str(Accuracy) '%(' num2str(k) '/' num2str(n) ')'])
plot(68:77,T_test,'bo',68:77,T_sim,'r-*'),grid on
xlabel('测试集样本序号'),ylabel('测试集样本稳定状态')
string = {'测试集预测结果对比(ELM)';['(正确率Accuracy = ' num2str(Accuracy) '%)' ]};
title(string),legend('真实值','ELM预测值')
```

✪程序运行结果

```
测试集正确率Accuracy = 100%(10/10)
```

程序运行图如图 10-12 所示。

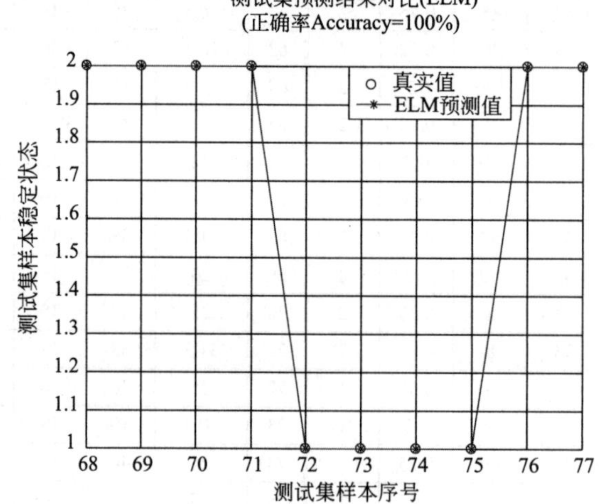

图 10-12 ELM 预测结果与真实值结果对比

参考文献

[1] 王兵团，李桂亭，李晓玲，等. Matlab 与数学实验[M]. 3 版. 北京：中国铁道出版社，2014.
[2] 周林华，贾小宁，张文丹，等. 数学实验：基于 MATLAB 软件[M]. 北京：北京理工大学出版社，2019.
[3] 黄静静，王爱文. MATLAB 与数学实验[M]. 北京：北京理工大学出版社，2015.
[4] 韩明，王家宝，李林. 数学实验：MATLAB 版[M]. 上海：同济大学出版社，2018.
[5] 薛长虹，于凯. MATLAB 数学实验[M]. 成都：西南交通大学出版社，2014.
[6] 周晓阳. 数学实验与 Matlab[M]. 武汉：华中科技大学出版社，2002.
[7] 李换琴，朱旭. MATLAB 软件与基础数学实验[M]. 西安：西安交通大学出版社，2015.
[8] 蒋珉. MATLAB 程序设计及应用[M]. 北京：北京邮电大学出版社，2015.
[9] 黄少罗，甘勤涛，胡仁喜. MATLAB2016 数学计算与工程分析从入门到精通[M]. 北京：机械工业出版社，2017.
[10] 宋叶志，贾东永. MATLAB 数值分析与应用[M]. 北京：机械工业出版社，2009.
[11] 熊庆如. MATLAB 基础与应用[M]. 北京：机械工业出版社，2014.
[12] 龙松. 大学数学 MATLAB 应用教程[M]. 武汉：武汉大学出版社，2014.
[13] 姜增如. MATLAB 基础应用案例教程[M]. 北京：北京理工大学出版社，2019.
[14] 周博，薛世峰. MATLAB 工程与科学绘图[M]. 北京：清华大学出版社，2015.
[15] 刘加海，金国庆，季江民，等. MATLAB 可视化科学计算[M]. 杭州：浙江大学出版社，2018.
[16] 薛定宇. 高等应用数学问题的 MATLAB 求解[M]. 北京：清华大学出版社，2018.
[17] 桂占吉，陈修焕，杨亚辉. 基于 MATLAB 高等数学实验[M]. 武汉：华中科技大学出版社，2010.
[18] 占海明. 基于 MATLAB 的高等数学问题求解[M]. 北京：清华大学出版社，2013.
[19] 刘国志. 线性代数及其 MATLAB 实现[M]. 上海：同济大学出版社，2015.
[20] 薛毅，陈立萍. 实用数据分析与 MATLAB 软件[M]. 北京：北京工业大学出版社，2015.
[21] 康海刚，段班祥. Matlab 数据分析[M]. 北京：机械工业出版社，2020.
[22] 司守奎，孙玺菁. 数学建模算法与应用[M]. 北京：国防工业出版社，2021.
[23] 李昕. MATLAB 数学建模[M]. 北京：清华大学出版社，2017.
[24] 夏爱生，刘俊峰. 数学建模与 MATLAB 应用[M]. 北京：北京理工大学出版社，2016.
[25] 张采芳，余愿，鲁艳旻. MATLAB 编程及仿真应用[M]. 武汉：华中科技大学出版社，2014.
[26] 王建民，谢锋珠. MATLAB 与测绘数据处理[M]. 武汉：武汉大学出版社，2015.
[27] 陈怀琛. MATLAB 及其在理工课程中的应用指南[M]. 西安：西安电子科技大学出版社，2007.
[28] 芮勇勤，王惠勇. MATLAB 语言及其在道路工程中的应用[M]. 沈阳：东北大学出版社，2014.
[29] 徐赵东，郭迎庆. MATLAB 语言在建筑抗震工程中的应用[M]. 北京：科学出版社，2004.
[30] 聂建新，马沁巍，马少鹏. 力学专业程序实践：用 MATLAB 解决力学问题的方法与实例[M]. 北京：北京理工大学出版社，2019.
[31] 鲍文博，白泉，陆海燕. 振动力学基础与 MATLAB 应用[M]. 北京：清华大学出版社，2015.
[32] 温正，孙华克. MATLAB 智能算法[M]. 北京：清华大学出版社，2017.
[33] 陈明. MATLAB 神经网络原理与实例精解[M]. 北京：清华大学出版社，2013.
[34] 冯夏庭. 智能岩石力学导论[M]. 北京：科学出版社，2000.
[35] 郁磊，史峰，王辉，等. MATLAB 智能算法[M]. 北京：北京航空航天大学出版社，2015.